全国中等职业教育烹饪专业规划教材
四川省中等职业教育烹饪专业指定教材

烹饪原料知识

主　编　谢君宪　周虎春

西南交通大学出版社
·成　都·

图书在版编目（CIP）数据

烹饪原料知识 / 谢君宪，周虎春主编. —成都：西南交通大学出版社，2019.8（2023.7 重印）
全国中等职业教育烹饪专业规划教材
ISBN 978-7-5643-7062-6

Ⅰ. ①烹… Ⅱ. ①谢… ②周… Ⅲ. ①烹饪－原料－中等专业学校－教材 Ⅳ. ①TS972.111

中国版本图书馆 CIP 数据核字（2019）第 178933 号

全国中等职业教育烹饪专业规划教材
Pengren Yuanliao Zhishi
烹饪原料知识

主编　谢君宪　周虎春

责任编辑　武雅丽
助理编辑　赵永铭
封面设计　原谋书装

出版发行　西南交通大学出版社
（四川省成都市金牛区二环路北一段 111 号
西南交通大学创新大厦 21 楼）
邮政编码　610031
发行部电话　028-87600564　028-87600533
网址　http://www.xnjdcbs.com
印刷　四川森林印务有限责任公司

成品尺寸　185 mm × 260 mm
印张　12.25
字数　304 千
版次　2019 年 8 月第 1 版
印次　2023 年 7 月第 3 次
定价　35.00 元
书号　ISBN 978-7-5643-7062-6

课件咨询电话：028-81435775
图书如有印装质量问题　本社负责退换

丛书编委会

本书编写人员

主　编：谢君宪　周虎春

副主编：陶　英　王　菲　梁朝旭　王良云

参　编：万　俊　高苟涛　张相林　罗　茜　刘月超
程玉德　林　杰　罗　旭　谢　欢　杨定勇

四川省中等职业教育烹饪专业指定教材

编写单位

四川旅游学院
安居职业高级中学校
成都市财贸职业高级中学
大邑县职业高级中学
德昌县职业高级中学
甘洛职业技术学校
广元市职业高级中学校
会理现代职业技术学校
剑阁职业高级中学校
乐山市第一职业高级中学
泸州市职业技术学校
绵阳职业技术学校
冕宁县职业技术学校
南充职业技术学校
宁南县职业技术学校
攀枝花市经贸旅游学校
什邡市职业中专学校
宜宾市职业技术学校
自贡市旅游职业高级中学

序

党的十八大以来，随着我国城市化、国际化、信息化建设的提速，旅游餐饮行业得到了快速发展。在发展的同时竞争进一步加剧，而占领市场高点的关键在于拥有高素质、高技能人才。

中国烹饪教育经过五十余年的发展，正迎来各层次教育发展高峰。经过不断总结烹饪教育近年来取得的成就和探讨未来烹饪教育的发展方向，通过系统地分析当前中国烹饪教育面临的一些问题，相关的研究者对烹饪中高等教育的衔接问题有了更深的认识。随着四川经济的发展，四川省烹饪职业教育虽然取得了可喜的成就，但还不能适应四川建设旅游强省、经济强省的要求。推动旅游餐饮行业发展的关键还是烹饪教育的人才培养目标必须适应四川经济发展的需要。四川省教育大会的召开，明确要求职业教育必须改革，教育观念、教育教学手段方法、人才培养模式、教学水平和人才评价方式、服务地方经济发展能力和文化传播途径都需要转变和更新。

教材建设是人才培养的重要内容，是课程建设和改革的关键环节，是更新教学内容的重要措施，是实现培养合格人才的重要保障。只有符合培养新时代烹饪人才目标的高质量教材，才能培养高质量的烹饪技术人才，才能推动四川烹饪职业教育事业高质量发展。

作为从事烹饪教育和研究三十年的教师，能看到四川烹饪中等职业教育有了统一的新教材，笔者深感欣慰。相信这套教材必能助推更多的学生成为四川旅游餐饮行业发展的精英，为四川发展贡献更多力量。

周世中

二〇一九年四月

于四川旅游学院

前 言

在这春光明媚、桃红柳绿的日子里，《烹饪原料知识》一书定稿。移步窗前，轻推木窗，倚窗放眼丈量着这美丽的春景，想起东坡居士的《春菜》："蔓菁宿根已生叶，韭芽戴土拳如蕨。烂蒸香荠白鱼肥，碎点青蒿凉饼滑。宿酒初消春睡起，细履幽畦掇芳辣。茵陈甘菊不负渠，鲙缕堆盘纤手抹。北方苦寒今未已，雪底波棱如铁甲。岂如吾蜀富冬蔬，霜叶露芽寒更茁。久抛菘葛犹细事，苦笋江豚那忍说。明年投劾径须归，莫待齿摇并发脱。"不禁感叹，在这首诗里，东坡居士就描述了16种食材。我们要向古人学习的不仅是对食材的知识，更要学习对食材的热爱和情怀。

原料，烹饪之根本，犹如草木之根，大厦之基，大江之源。对于一名烹饪工艺和营养膳食工作者来说，食材原料是必修课。本书系统讲述了原料的特征、特点、产地、营养成分、品质鉴别、烹饪运用、食用和储藏等。课程中，我们采用了理论与实践相结合的方式，让大家在理论基础上亲自体验对烹饪原料的基本认知。

本书共有9章34节。其中包括粮食、蔬菜、畜禽、水产、果品花卉、蛋品和乳品、干货、半成品、辅助原料等。这本书，是学习烹饪工艺、营养膳食、食品营养检测等专业知识的必备工具书。

本书编写分工如下：第一章 粮食类原料，由甘洛职业技术学校编写；第二章 蔬菜类原料，由德昌县职业高级中学编写；第三章 果品类原料，由剑阁职业高级中学校编写；第四章 畜禽类原料，由广元市职业高级中学校编写；第五章 蛋品和乳品类原料，由安居职业高级中学校编写；第六章 水产类原料，由泸州市职业技术学校、广元市职业高级中学校编写；第七章 干货类原料，由成都市财贸职业高级中学编写；第八章 半成品类原料，由大邑县职业高级中学编写；第九章 辅助类原料，由绵阳职业技术学校编写。

《烹饪原料知识》将在今后的时间里陪伴大家走向成功之路。宇宙无限，知识无穷，烹饪学的原料世界里多彩多姿，各种原料有滋有味，不同的原料会和有情怀的人形成最佳组合，营养着人类生命的延续与健康。

谢君宪

二〇一九年仲春

于锦官城

目 录

第一章

粮食类原料

学习目标

1. 了解粮食类原料的概念，常用的粮食类原料的名称、外形、品质要求、产地和产季。
2. 理解粮食类原料的组织结构、营养成分与粮食类原料的品种。
3. 掌握常见粮食类原料的分类、烹调应用、品种、品质鉴别与储藏方法。

导　入

粮食类原料烹饪运用非常广，食用方法也很多，是重要的烹饪原料。粮食主要用于制作主食：以稻米为烹饪原料可制作各种米饭和粥；以面粉为原料可加工制作面条、馒头、汤圆等。粮食也可以作为菜肴的原料，如糯米蒸排骨、锅巴肉片、甜烧白等。以粮食为原料制作的淀粉是烹调中挂糊、上浆、勾芡时的主要用料。粮食还可以制作出许多调味品，如醋、酱油等。

第一节　粮食类原料的基础知识

一、粮食类原料的概念、分类及营养成分

（一）粮食类原料的概念

粮食又称谷物，是指烹饪食品中各种植物种子总称。

（二）粮食类原料的分类

粮食是制作各类主食的主要原料，主要包括：谷类、豆类、薯类及它们的制品原料。其中谷类又称五谷，是指：麦、菽、稷、麻、黍；也有八谷之称，是指：菽、禾、麦、麻、黍、稷、稻、粱。豆类按营养成分含量分为两类：一类是含蛋白质高的，如花生、大豆；另一类是含糖类高的，如绿豆、红豆。薯类常见的品种主要是木薯和甘薯。

（三）粮食类原料的营养成分

粮食类原料外观各异、品种繁多，但是营养成分都基本相同，粮食类原料把六大营养素都包含了，有糖类、脂肪、蛋白质、维生素、无机盐、水，其中主要营养成分是糖类。我国居民膳食结构中，所需能量 80%来自粮食。

（1）糖类。

粮食类原料所含的糖类主要是以淀粉的形式存在，糖类含量最多，一般是在 70%以上，最高可达 80%以上，是人类膳食中的热量来源。淀粉主要存在于粮食种子的胚乳中。

（2）脂肪。

粮食类原料除了玉米脂肪含量较多，在 4%左右，其他的均很低，多在 2%以下。

（3）蛋白质。

粮食中的蛋白质含量不是很高，只占 8%～10%。所含的蛋白质除少数品种外质量都一般，但是粮食是人们的主食，在膳食中比例较大，所以粮食中的蛋白质也是人们膳食中蛋白质的主要来源之一。

（4）维生素。

粮食中所含的维生素主要有维生素 E 和维生素 B，它们存在于谷粒的糊粉层和胚乳中，因此在加工中有很大的损失，一般只保留 10%～30%。

（5）无机盐。

粮食中所含的无机盐主要有钠、硫、钙、磷、铁、钾等，总含量为 1.5%～3%。粮食中绝大多数磷是以有机化合物形式存在，不易被人体吸收。

（6）水分。

粮食水分含量过多不宜保存，过少则会出现断裂的现象，所以粮食正常含水量在 11%～14%。

二、粮食类原料的组织结构及烹饪运用

（一）粮食类原料的组织结构

粮食大部分来自作物的种子谷粒。绝大部分谷粒的是由谷皮、糊粉层、胚乳和胚四个部分组成。

（1）谷皮。

谷皮位于谷粒的外部，由果皮和种皮两部分组成，也称表皮或糠皮，它们由坚实的木质化细胞组成，起到对胚和胚乳保护的作用。谷皮不易被人体消化，须经加工除去。

（2）糊粉层。

糊粉层由大型多角形细胞组成，除了含有较多的纤维素外，还含有维生素、蛋白质和脂肪。

（3）胚乳。

胚乳中含有少量的蛋白质和大量的淀粉。胚乳是种子储存营养物质的主要场所，占全谷粒质量的 80%左右。

（4）胚。

胚位于谷粒的下部，主要由子叶、胚芽、胚轴和胚根组成。因为胚在适合的环境下会发芽，而且易受微生物的感染，不利于储存，所以在加工时一般要将胚除去。

（二）粮食类原料的烹饪应用

粮食类原料的烹调范围非常广泛，在烹饪应用中主要有以下几个方面：

（1）制作主食。

粮食类原料中含糖量最丰富，是人类膳食中较经济的热量来源，能够满足人体最基本的能量需求，故粮食类原料多做主食原料。因为全国各地所产的粮食种类不同，所以制作主食的原料也有所差别。长江以南和长江流域地区主产稻谷，故以大米为原料制作主食，如米饭、粥、米糕等；黄河以北和黄河流域地区主产小麦，故以面粉为原料制作主食，如馒头、面条、馍等。所以有句话叫作“南米北面”。

（2）制作菜肴。

以粮食制作的面点很多，不同地方有不同地方的特色，它们风味各异。面制品有包子、油条、抄手、锅盔等。

（3）制作面点。

制作菜点时，粮食类原料主要做辅料，如“粉蒸肉”“锅巴肉片”“糯米鸡”等，也有作为主料的，如“甜烧白”“蜜汁葫芦”等。

（4）制作菜肴的调料和辅助料。

由粮食类原料加工的面粉、淀粉、米粉都是菜肴制作中拍粉、上浆、挂糊、勾芡等必不可少的原料。粮食类原料也是加工制作各种调味品的主要原料，如酱油、醋、酒等。

第二节　常见的粮食类原料

一、大米

大米是稻谷经碾制脱壳后而成。水稻是世界最重要的粮食作物之一。据考证，我国栽培水稻已有 7 000 年左右的历史，主要产区在长江、珠江流域，东北、华北部分地区。大米按照米粒性质可分为籼米、粳米、糯米三种。

（一）籼米

【外　　形】米粒细长，灰白色，有透明或不透明的，其中半透明的较多。
【产　　地】湖南、四川、广东等省。
【品质特点】米质较疏松；硬度低，加工时易碎；胀性大，出饭率高。
【烹调应用】制作干饭、稀粥；磨粉后制作米糕、米粉；也可作为粉蒸类菜肴的米渣使用。

图 1.1　籼米

（二）粳米

【外　　形】粒形短圆，色泽蜡白，透明和半透明。
【产　　地】江苏、华北、东北等地。
【品质特点】质地较硬，加工时不易破碎；黏性大于籼米，小于糯米；胀性和出饭率低于籼米，高于糯米。
【烹调应用】制作干饭和稀粥，也可作为粉蒸菜肴的米渣使用。

图 1.2　粳米

（三）糯米

【别　　名】江米，有籼糯和粳糯之分。

【外　　形】色泽乳白不透明，熟后透明。

【产　　地】江苏南部、浙江等地。

【品质特点】硬度、胀性、出饭率都是三种米中最低的，但是黏性最大。糯米以米粒宽厚、近圆形者黏性较大，细长者黏性较小。

【烹调应用】一般不做主食，是制作粽子、八宝饭的主要原料；也可制作醪糟；磨粉后可制作糕点。

图 1.3　糯米

二、玉米

【别　　名】苞米、苞谷、棒子等。

【品　　种】玉米是高产农作物，种类很多，按照颜色不同可分为黄玉米、白玉米和杂色玉米；按照粒质可分为硬粒型、马齿型、半马齿型、粉质型、糯质型、甜质型、爆裂型、有稃型等八种。

【产　　地】原产于墨西哥和秘鲁，我国主要产区是华北、东北和西南。

【烹调应用】磨粉后制作窝头、粥等；也可和面粉掺和，制作发酵糕点。

【营养价值】玉米中含有胡萝卜素和 B 族维生素，玉米的胚乳含有大量的淀粉和部分蛋白质，玉米坯含有大量的无机盐、蛋白质和脂肪。

图 1.4　玉米

三、小米

【外　　形】小米由粟碾制而成，籽为卵圆形，滑硬，色黄。

【产　　地】山东、河北及西北、东北各地。

【品　　种】小米按照黏性可分为糯粟和粳粟；按谷壳颜色可分为白色、黄色、赤褐色、黑色等品种，最常见的是白色和黄色。

【烹调应用】单独做成小米饭、小米粥；磨粉后可制成窝头、煎饼；小米面与面粉掺和后可制作各式发酵食品。

【营养价值】小米中含有大量硫胺素、核黄素和少量的胡萝卜素。

图 1.5　小米

四、大豆

【品　　种】大豆又称黄豆，按照表皮颜色的不同可分为黄豆、青豆、黑豆、杂色豆。

【产　　地】主要产区为吉林、黑龙江、辽宁、山东、河南等，其中以东北大豆质量最优。

【烹调应用】大豆可直接煮熟食用，也可制成豆制品。大豆可制作主食、糕点、小吃等。大豆是重要的油料作物，是制作豆油的原料。大豆制品种类丰富，有豆腐、豆腐皮、豆腐干、腐竹、黄豆芽等。大豆还可以制作豆酱、酱油。

【营养价值】大豆含有大量的优质蛋白质、脂肪、糖类、矿物质、维生素等，营养全面，有“植物肉”的美誉。

图 1.6　大豆

五、绿豆

【别　　名】吉豆、青小豆。

【外　　形】绿豆品种较多，按照种皮颜色可分为青绿、黄绿、墨绿三大类。一般为青绿色，有光泽、颗粒饱满均匀、煮之易酥烂者为上品。

【产　　地】原产于中国、印度、缅甸。我国主要产区是黄河流域、河南、河北、山东、安徽等。

【烹调应用】可煮稀饭、熬汤；磨粉后可制成粉丝、粉皮、绿豆糕；绿豆经泡涨后发绿豆芽。

【营养价值】绿豆含有丰富的蛋白质、糖类、无机盐、维生素等。

图 1.7　绿豆

六、红豆

【别　　名】红小豆、赤豆。

【外　　形】种皮颜色多为赤褐色，也有茶、绿、淡黄等颜色。

【产　　地】东北、华北、黄河流域、长江流域、华南地区等。

【烹调应用】红豆可与米、面等掺和制作主食，也可以制作小豆羹、赤豆汤；煮熟去皮后可制作豆沙、豆泥，是制作糕点馅心的常用原料。

【营养价值】红豆富含蛋白质、糖类、无机盐，有活血排脓，清热解毒的作用，民间认为红豆还可以补血。

图 1.8　红豆

七、高粱

【品　　种】按照颜色不同可分为黑、白、黄、红等品种，白高粱的品质最好；按照性质可分为粳、糯两种。

【产　　地】高粱是高产农作物，主要产地在东北地区。

【烹调应用】粳性高粱米可制作干饭、稀粥，糯性高粱米磨粉后可制成团、糕、饼等。高粱米也是酿酒、酿醋、提取淀粉及制造饴糖的原料。

【营养价值】高粱脂肪和铁的含量都比大米高，但是高粱皮膜中含有鞣酸和色素，如果加工过粗则饭色会发红，味涩，妨碍人体对蛋白质的消化、吸收。

图 1.9　高粱

八、大麦

【外　　形】大麦外形与小麦相似，籽实扁平，中间宽，两端较尖。

【产　　地】北方地区及云南、四川西北部、西藏、青海等。

【烹调应用】大麦可制作各式小吃如，“麦片粥”“麦片糕”，也是制造啤酒和麦芽糖的主要原料。

图 1.10　大麦

九、荞麦

【别　　名】乌麦、三角麦。

【产　　地】荞麦生长周期短，主要产地在西北、东北、华北西南等地，以北方地区最多。

【烹调应用】荞麦磨粉后可制作主食，也可以与面粉掺和制作扒糕、饸饹、面条、面片、饼子等食品。

【营养价值】荞麦含有丰富的蛋白质、硫胺素、核黄素、铁等，因其含有红色荧光色素，故也容易引起部分疾病。

图 1.11　荞麦

十、燕麦

【别　　名】皮燕麦。

【品　　种】燕麦成熟时内外壳紧包子粒，不易分离。

【产　　地】燕麦是西北、内蒙古、东北一带的粮食品种之一，也是重要的牲畜饲料。

【烹调应用】燕麦须蒸熟（不宜煮）后磨粉，可制作小吃、点心、面条；也可作为粮食用；也可加工成燕麦片。

【营养价值】燕麦含有大量的可溶性纤维素，对降低和控制血糖以及血中胆固醇的含量有明显的作用。

图 1.12　燕麦

十一、莜麦

【别　　名】油麦。

【外　　形】籽粒与燕麦相似，区别在于成熟时籽粒与外稃分离。

【产　　地】西北、东北、西南、内蒙古等。

【烹调应用】莜麦在食用前应经过“三熟”，即加工时要炒熟，和面时要烫熟，制坯后要蒸熟，否则不易消化。莜麦磨粉后可蒸、炒、烩、烙等。

【营养价值】莜麦含有较多的蛋白质、脂肪；能抗饥饿、耐寒，但是容易胀气，常加入温热性调味品后食用。

图 1.13　莜麦

十二、甘薯

【别　　名】山芋、番薯、红薯、白薯、地瓜、红苕等。
【产　　地】我国各地均有栽培。
【烹调应用】甘薯在菜肴制作中可制作甜菜，还可以酿酒、制淀粉等。
【营养价值】甘薯含有大量的淀粉，糖分多、味甜。

图 1.14　甘薯

十三、豌豆

【别　　名】毕豆、麦豆、荷兰豆。
【外　　形】有黄、褐、绿、玫瑰等色。
【烹调应用】豌豆以嫩豆荚作蔬菜食用，也可磨粉制作糕点、豆馅、粉丝、凉粉、面条等。豌豆也可制成罐头，而且豌豆苗营养丰富，是优质蔬菜。

图 1.15　豌豆

十四、蚕豆

【别　　名】胡豆、罗汉豆、佛豆。
【产　　地】四川、云南、江苏、湖北等。
【品　　种】蚕豆按照种皮颜色不同可分为青皮、白皮、红皮蚕豆等。
【烹调应用】其嫩豆荚可炒、烩、焖；老豆料可煮粥、制糕或制酱；也可提取淀粉使用。

图 1.16　蚕豆

十五、黑米

【产　　地】陕西洋县，江苏常熟，广西东兰、隆林、乐林，贵州的惠水、龙里等。

【品质及特点】黑米色墨黑，内质色白，质地细密，味道浓香，甜而不腻，柔软可口。

【烹调应用】煮粥或做米饭食用。

【营养价值】黑米含丰富的淀粉、蛋白质及多种氨基酸，常食有一定的滋补功效，故有“药米”之称。

图 1.17　黑米

十六、面粉

小麦经磨制加工后即成为面粉。小麦是世界播种面积最大、产量最多和分布最广的粮食作物。世界上一半的人口以小麦为主食。

面粉的分类：

（1）按加工精度分精制级、特制一等、特制二等、标准粉。

（2）按照具体用途分专用面粉如面包粉、饺子粉，通用粉如富强粉，营养强化粉如增钙粉等。

（3）按筋力的强弱分为高筋粉、中筋粉、低筋粉。

① 高筋粉又称强筋粉、高蛋白质粉，色白，蛋白质含量为 12%～15%，湿面筋含量大于 35%。高筋粉具有强度高、发气性好、吸水量大的特点，适于制作面包、起酥糕点、泡芙和酥饼等。

图 1.18　高筋粉

② 中筋粉又称通用粉、中蛋白质粉，蛋白质含量为 9%～11%，湿面筋含量在 25%～35%，适宜制作水果蛋糕，也可制作面包。

图 1.19　中筋粉

③ 低筋粉又称弱筋粉、低蛋白质粉，蛋白质含量为 7% ~ 9%，湿面筋含量小于 25%。低筋粉适宜制作蛋糕、饼干、混酥类糕点，制成的饼干、糕点具有细、酥、松脆的口感。

图 1.20 低筋粉

第三节 粮食类原料的品质鉴别及储藏

粮食类原料的品质鉴别及储藏指按照一定的标准，运用一定的方法，对粮食类的质量优劣进行鉴别或检测。对粮食类原料进行品质鉴别和储藏是烹饪工作者所必须掌握的基本技能，在烹饪实践中具有重要意义。

一、粮食类原料的品质鉴别

粮食类原料是我国人民的主食原料，其品种繁多，但全国各地人民的主食来源差别不大，主要以面粉和大米为主。

（一）大米的品质鉴别

大米的品质主要取决于它在煮后的黏度、硬度、口味和出饭率。这一切又主要取决于大米的品种。就同一品种而言，其品质由大米的粒形、新鲜度和腹白所决定。

（1）大米通常以粒形均匀整齐，碎米或爆腰米的含量少，没有未熟粒、虫食粒、病斑粒及糙米者为优质米；反之，则大米的品质较差。

（2）大米根据脱壳加工后时间长短，可分为新米和陈米两种。新米滋味适口，有光泽，无虫害及杂质；陈米颜色暗，容易染有虫害，杂物的含量较多。故陈米品质较新米要差。

（3）大米的腹白是指米粒中部呈乳白色、不透明的部分。带腹白多的大米，其吸水率低，出饭率小，且硬度低，易生碎米，缺乏蛋白质，故其米质较差。

简言之，大米的粒形整齐、新鲜度高、腹白少，则品质较优；反之，则品质较差。

（二）面粉的品质鉴别

面粉的品质一般可从面筋含量、水分含量、新鲜度及杂质含量等方面加以鉴别。面粉色白，杂质少，面筋质含量高，含水量在 12% ~ 13%之间，且新鲜度高，无腐败味、苦味、霉味，则品质优；反之，则品质差。

二、粮食类原料的储藏

绝大多数的粮食以粮粒的形式储藏保管，粮粒是活的有机体，在储藏过程中仍进行着复杂的生理生化反应，如呼吸作用等，且时刻受外界条件（温度、湿度、空气、昆虫、微生物等）的影响。储藏粮食的基本原则是以防为主，防治并举，采取适宜的条件和措施，把粮食的呼吸强度控制在最低限度内，并防止虫害和霉害的发生。

粮食的储藏有多种方法，一般来说有以下几个方面：

（1）调节温度。

粮粒在储藏过程中，因呼吸作用或虫害、微生物的活动产生热量，粮食是热的不良导体，积聚在粮堆中的热量就会引起粮食升温。粮食发热反过来又会增强呼吸作用和增加含水量，加速微生物、虫害的生长繁殖，使粮食发热更加剧烈，最后导致粮食变质霉烂。

粮堆温度高于粮仓温度 5 摄氏度以上时就会发热，若温度继续上升，粮食就会出汗、发芽、黏性增加，继而还会出现发酸、发臭，颜色由黄转为黑红，使粮食完全变质，失去食用价值。所以，注意粮食温度变化是保管粮食的关键。一旦发现粮食霉变应立即处理，迅速倒垛、串袋或摊晾，单独储藏，以防霉菌蔓延。

（2）控制湿度。

粮食吸湿性强，在潮湿环境中易吸水膨胀，遇到适当的温度就会发芽。同时，粮食中的水分增加，又使其呼吸作用加强，使之加剧发热、发霉，并引起虫害。大米和面粉等都有较强的吸湿性，受潮后在受到一定压力后，就会结块或霉变。一般来说，粮食的含水量应控制在 13%以内。粮食在晾晒、风干处理后方可入库，堆放时要架高，并有铺垫物，以防受潮。

（3）避免感染。

粮食对某些气体或气味具有很强的吸附性，且吸附后不易散失。如粮食被香料、煤油、汽油、桐油、肥皂、蚊香、樟脑或某些农药等异味污染后，会影响食用甚至不能食用。因此，在运输或堆放时，对运输工具、仓库或装具等应清理干净；对粮食中混入的含有异味的杂草种子要及时清理；对化学药剂熏蒸处理的粮食要待毒气全部散失，并经检测无残留后，才可供食用。

（4）防止虫、鼠害。

储粮害虫的种类很多，主要有昆虫类与螨类。对害虫的防治通常采用检疫防治、物理机械、化学药剂等综合防治措施，切断其传播途径，限制害虫传播蔓延，破坏害虫的生存条件，抑制其生长繁殖。

防止鼠害首先要注意清洁卫生，注意严密封库，杜绝来源，一旦发现鼠害应立即捕杀或毒杀。

根据以上问题，要因地、因粮、因时制宜地采取各种技术和管理措施，切实把粮食储藏好。

练习题

一、填空题

1. 粮食类原料的营养成分包括________、________、________、水、________、________。

2. 粮食大部分来自作物的________。
3. 大米按照米粒性质可分为________、_________、_________三种。
4. 大米就同一品种而言，其品质由米的_______、_______和________所决定。

二、选择题

1. 胚乳是种子储存营养物质的主要场所，占全谷粒质量的________左右。
   A. 60%　　B. 70%　　C. 80%　　D. 90%
2. 籼米米粒细长，色泽________，有透明或不透明的，其中半透明的较多。
   A. 灰白　　B. 黄色　　C. 光亮　　D. 清白
3. 红豆种皮颜色多为________色。
   A. 茶　　B. 绿　　C. 淡黄　　D. 赤褐
4. _______又称强筋粉、高蛋白质粉，色白，适于制作面包、起酥糕点、泡芙和酥饼等。
   A. 高筋粉　　B. 低筋粉　　C. 中筋粉　　D. 富强粉

三、判断题

1. 粮食又称谷物，是指烹饪食品中各种植物种子总称。(　　)
2. 粳米质地较硬加工时不易破碎，黏性大于籼米、小于糯米。(　　)
3. 陈米滋味适口，有光泽，无虫害及杂质。(　　)
4. 粮食对某些气体或气味具有很强的吸附性，且吸附后易散失。(　　)

四、简答题

1. 粮食类原料的营养成分和组织结构有哪些?
2. 粮食的储藏应该注意哪些问题?
3. 大米的品质鉴别依据有哪几个方面?
4. 常见的粮食类原料有哪些?

第二章 蔬菜类原料

学习目标

1. 掌握蔬菜类原料的概念。
2. 理解蔬菜类原料的营养成分。
3. 理解常用蔬菜类原料品种的名称、产地、产季和品质要求。
4. 掌握蔬菜类原料的分类方法和常用蔬菜类原料的烹调应用。
5. 掌握蔬菜类原料的储存原理和保管方法。

导　入

蔬菜在菜肴烹制中是应用最广泛的原料。它既可以用作配料，也可用作菜肴的主料，有的还是重要的调味品。蔬菜能和其他动物性原料搭配，不仅能解腻增香，使滋味鲜美，而且还能使各种营养成分合理配合，有利于人体对食物的消化吸收。

所谓蔬菜，是指无毒、无害、有营养价值，可以用来制作菜肴或面点馅心的草本植物和木本植物的幼芽、嫩叶以及食用菌类、藻类的总称。

第一节　蔬菜类原料的基础知识

一、蔬菜类原料的分类方法

蔬菜的种类繁多，为了便于学习和研究，必须对种类繁多的蔬菜进行系统分类，目前常用的蔬菜分类方法有如下三种：

（一）植物学分类法

植物学分类法，是根据植物的形态特征及亲缘关系，从生理特点、遗传基因等方面，按照门、科、属、种等进行系统分类。这种方法一般为科研部门所采用。

（二）农业生物学分类法

农业生物学分类法，是根据蔬菜生长发育的习性和栽培方法，以蔬菜的农业生物学特性作为分类的依据，将相类似的各种蔬菜归纳成类，可分为根菜类、白菜类、绿叶蔬菜类、葱蒜类、茄果类、瓜果类、豆类、薯芋类、水生蔬菜类、多年生蔬菜类、食用菌类等。

（三）食用部位分类法

食用部位分类法，是根据人们食用蔬菜的不同部位进行归纳分类，可分为根菜类、茎菜类、叶菜类、花菜类、果菜类、芽苗类、菌藻类等。

二、蔬菜类原料的营养成分

蔬菜含有多种营养成分，包括各种维生素、矿物质、碳水化合物及丰富的水分等，其含量组成比例不仅决定着蔬菜的营养价值和质量，而且与储存、运输和加工、烹调等方面都有着密切的关系。

（一）水分

蔬菜中所含水分可达 65%～96%。如大白菜水分达 96%，萝卜则达 94%。这些水分因溶有蔬菜所含的营养成分而成为汁液。蔬菜所含的汁液越多就越新鲜细嫩，其质量也越高。不过，含水量多的蔬菜容易腐烂变质，故应在运输和储藏方面加以注意。在烹饪活动中，要尽量防止蔬菜水分流失，从而保证其质地的鲜嫩爽脆，并达到保护水溶性维生素的目的。

（二）矿物质

蔬菜中含有一定数量的矿物质，如钙、磷、铁、钾、钠等。各类蔬菜中矿物质的含量也各不相同：如叶菜类的矿物质含量为0.4%～2.3%，根菜类为0.6%～1.5%，茎菜类为8%，花菜类为2%，果菜类为7%等。因此，蔬菜是人体矿物质的良好来源。由于矿物质易溶于水，在烹饪加工时易流失，所以新鲜蔬菜不能在水中长时间浸泡，并且宜先洗后切。

（三）维生素

蔬菜中含有少量的B族维生素，如维生素B_1、B_2、B_3等；维生素C（抗坏血酸）的含量特别丰富，是人体所需维生素C的主要来源。各种蔬菜的维生素含量各不相同，大多数叶菜类及番茄、辣椒等含有较多的维生素C。呈黄、红、橙等色泽的蔬菜富含胡萝卜素。胡萝卜素易溶于脂肪，故其吸收率与饮食里的脂肪有关。

（四）碳水化合物

（1）糖：大多数蔬菜的含糖量不高。含糖量较多的有胡萝卜3.3%～12%，洋葱3.5%～12%，南瓜2.5%～9%。其他如番茄等也含有少量的糖。

（2）淀粉：蔬菜中所含的淀粉大多以颗粒状贮存在种子和块根、块茎中，如马铃薯含14%～25%，藕含12.77%，板栗中含33%，未成熟的香蕉中含9%，荸荠和芋头当中也较多。

（3）纤维素和半纤维素：这两种成分是植物细胞壁的主要成分，构成了水果、蔬菜本身固有形态的支架，起支持作用。蔬菜中的纤维素含量约为0.3%～2.8%，半纤维素为0.2%～3.1%。纤维素在人体内虽不能被消化吸收，但具有促进肠道蠕动的功能。一般说来，纤维素含量少的蔬菜嫩汁多。

（4）果胶物质：分布在植物的果实、直根、块根和块茎等器官的细胞壁中胶层中，起黏合细胞的作用。果胶物质以原果胶、果胶和果胶酸三种形式存在于果蔬中。利用果胶质的水溶性可以将含果胶丰富的水果和蔬菜制成果冻或果酱，丰富原料品种。如苹果酱、草莓酱、杏酱、胡萝卜酱等。

（五）有机酸

有机酸在蔬菜和水果中含量丰富，主要包括柠檬酸、苹果酸、酒石酸，一般通称为果酸。此外，蔬菜中还含有少量的草酸、水杨酸、琥珀酸。有机酸可以刺激食欲，保护果蔬原料中的维生素C，丰富菜肴的味感。但是，某些蔬菜含有较多的草酸，如菠菜、竹笋、叶用甜菜、食用大黄等，在烹制前应焯水处理，除去草酸，从而避免影响钙质的吸收，减少对胃肠道的刺激，降低酸涩味。

（六）挥发油

不少蔬菜有一股特殊香气，这是因为它们含有不同的挥发油的缘故。挥发油主要存在于某些具有芳香辛辣气味的蔬菜中，如大蒜、葱、姜、芹菜等，主要是酯、醛、酮、烃、萜、烯等。有些以糖或氨基酸的形式存在，在酶的作用下分解生成挥发油才有香气，如蒜油。挥发油在蔬菜中的含量并不多，如大蒜仅含有0.005%～0.009%，洋葱中仅含有0.037%～0.055%，但在烹调中作用很大，是形成菜肴特殊滋味的物质，能刺激食欲、帮助消化。姜、葱、大蒜所含的挥发油还具有杀菌、解腥、调整味型的作用，是良好的调味品。

（七）色素

蔬菜的各种颜色，是由不同的色素构成的。色素物质是蔬菜和水果呈现出鲜艳色彩的物质来源，包括脂溶性的叶绿素、类胡萝卜素和水溶性的花青素、花黄素等。通过这些色素物质的变化可以鉴定原料的新鲜度。在烹饪过程中，色素物质常发生变化，从而与成菜效果有关。色素的种类很多，蔬菜中所含的色素主要有下列几种：

（1）叶绿素。叶绿素是形成蔬菜绿色的色素。它的化学性质不稳定，在烹调中加热时由于脱氧会变成暗绿色或黄绿色。

（2）胡萝卜素、番茄素和叶黄素。某些蔬菜如胡萝卜、番茄、红辣椒等呈现黄、红、橙等颜色，一般说来，就是由于这些蔬菜中富含胡萝卜素、番茄素和叶黄素所致。

（3）花青素。花青素是形成蔬菜呈现红、蓝、紫等颜色的色素，如红皮萝卜、茄子、苋菜等蔬菜中均有花青素。

（八）苷类

苷类又称配糖体或甙类，是由糖和其他含羟基的化合物（如醇、醛、酚）结合而成的物质。蔬菜中苷类物质含量较多，并且呈现出不同的性质。大多数苷类具苦味或特殊香味，但有的有毒性。如甜叶菊茎叶中的甜叶菊苷是最甜的天然甜味剂，芥菜和辣根中的芥子苷具有独特的辛辣味道。存在于马铃薯发芽或变青部位的茄碱是一种有毒的苷类物质。

（九）油脂和蜡质

蔬菜中的油脂主要存在于种子和部分果实中，根、茎、叶中含量很少。某些蔬菜的茎、叶和表面有一层薄的蜡质，可以防止原料的枯萎、水分的蒸发和微生物的侵入，对保护原料的新鲜度具有一定的意义。有的蔬菜在成熟后表皮会有蜡粉产生，是蔬菜成熟的标志之一，如冬瓜、南瓜等。

（十）酶

酶是由生物活细胞产生的有催化功能的蛋白质，大量分布于植物性原料的组织细胞内，虽含量很低，但与原料的品质特点关系密切。如多酚氧化酶可使切开的茄子、马铃薯发生酶促褐变反应；果胶酶会促进果实的成熟和果肉组织的软化；风味酶作用于风味前体会使洋葱等原料产生特有的香味。可利用酶的作用或控制酶的活性达到改善原料的品质或抑制原料变质的目的。

三、蔬菜的组织结构

人们日常食用的蔬菜绝大多数是由高等植物提供的。现从高等植物的组织结构和所含的主要化学成分出发，了解影响蔬菜食用品质的基本因素。

在高等植物中，其组织分为两大类，即分生组织和永久组织。

（一）分生组织

分生组织是位于植物体的根尖、茎尖等部位，能持续进行原生质合成和通过细胞分裂而新生细胞的组织。通过该组织的持续分裂，从而形成其他各种组织，使器官得以生长或新生。虽然分生组织在植物体上所占的比例相当小，食用意义不大，但由它衍生出的植物体的根、茎、叶、花、果实等组成了蔬菜食用的主要部位。

（二）永久组织

永久组织是一类具有特殊结构和功能的组织，包括薄壁组织、保护组织、输导组织、机械组织和分泌组织。

1．薄壁组织

薄壁组织又称基本组织、营养组织，是构成植物体最基本的组织。其组成细胞均为活细胞，其特征是细胞壁薄，细胞壁由纤维素、半纤维素、果胶质组成，胞间层中几乎全是果胶物质。薄壁组织构成的基本组织部分，如根和茎的髓和皮层、叶的叶肉组织、花器官的各部分、种子的胚乳及胚、果实的果肉，成为果蔬食用的主要组织部分。如萝卜、胡萝卜、马铃薯等供食用的肉质根、肉质块茎中薄壁组织非常发达。

由于薄壁组织的细胞壁薄，常含有大量的水分、营养物质和风味物质，因此，水果和蔬菜的形态、质地、风味等与其所含薄壁组织的多少有密切的关系。

2．保护组织

保护组织是位于植物体表面起保护作用的组织，如植物各部分的表皮、多年生木本植物的周皮（树皮）。其中，与果蔬质量有关的则主要是表皮结构。

茎、叶的表皮细胞外壁较厚，且覆盖有角质层，可防止水分的过度散失、微生物的侵害和机械性或化学性的损伤。对新鲜的果蔬而言，表皮完整的个体其光泽度好、耐储性强，表皮完整是个体品质优良的标志之一。表皮一旦受到损伤，即便是很小的、不为肉眼所察觉的小伤口，也会给微生物的侵染创造可乘之隙，腐败变质往往从此处开始，出现褐变、软疡等现象。因此，在蔬菜的运输、储存、销售过程中，应尽量避免对表皮角质层的损伤。从另一方面看，若表皮的角质层过厚则会影响口感。随着成熟度的增加，某些蔬菜的表皮细胞还会向外分泌蜡质或粉状物质，如葡萄、苹果的表面有蜡质，冬瓜、南瓜的表面有粉状白霜，不仅有保护作用，也是成熟的标志。

3．机械组织

机械组织是植物体内起支持和巩固等机械作用的组织。其组成细胞的细胞壁局部或整体加厚，常木质化。根据组成机械组织细胞的形状和壁加厚程度的不同，可将其分厚角组织和厚壁组织两类。

（1）厚角组织。厚角组织由纵向延长的、细胞壁不平均加厚的活细胞组成，有原生质体且常常含有叶绿体，细胞壁只有柔软的初生壁，加厚部分除纤维素外，还含有大量的果胶质和半纤维素，但无木质素。某些蔬菜具有丰富的厚角组织，如芹菜叶柄中凸起的纵肋、莴苣膨大的茎均为厚角组织形成。这类蔬菜中厚角组织所占的比例越多，含水量就越大，脆嫩度也越高。

（2）厚壁组织。厚壁组织由细胞壁显著增厚且木质化的死细胞组成，并特化为单纯适应机械功能的结构。从细胞形状上看，可分为等径的、伸长的、分枝状的石细胞和细长的纤维两种类型。由此可知，对于果蔬而言，厚壁组织含量越多，其质量越差。如幼嫩的丝瓜可作为夏季蔬菜食用，秋季老熟后形成的瓜筋即是果实里的纤维成分，丧失了食用性。

4．输导组织

输导组织是植物体内输导水分和养料的组织，其细胞一般呈管状，上下相接，贯穿于整个植物体内。输导组织常与薄壁细胞、纤维细胞、分泌细胞等组合在一起，因此，若输导组织含有丰富的纤维，则失去食用性，如普通植物的根、茎、叶。反之，若输导组织中薄壁细胞发达，则食用性强。

5．分泌组织

分泌组织为植物体，具有分泌功能的组织，存在于植物体表面或体内。某些蔬菜的分泌组织所产生的分泌物具有独特的芳香气味，如香辛叶菜的叶片和叶柄中的挥发油，而茎用莴苣的叶及茎皮上的乳汁管因分泌乳汁，使这两部分具有一定的苦味。

四、蔬菜在烹饪中的应用

蔬菜类原料是烹饪原料中的一个重要组成部分，在烹饪中有着广泛的应用。

（1）蔬菜可作为制作菜肴的主料，且应用广泛。如四川的“开水白菜”、江苏的“梅岭菜心”、山东的“奶汤蒲菜”、广东的“白灼芥蓝”等等。

（2）蔬菜可作为制作菜肴的配料。

（3）蔬菜可作为制作糕点、小吃的重要馅心原料。如青菜、萝卜、芹菜、荠菜、雪里蕻、香菇、木耳等，都可用于多种糕点、小吃馅心的制作，成品有“翡翠烧卖”“萝卜丝酥饼”“韭菜饼”“芹菜牛肉水饺”“荠菜春卷”等。

（4）蔬菜可作为食品雕刻的重要原料。瓜果类、根菜类、茎菜类蔬菜，包括部分叶菜类蔬菜等，用它们可雕刻成各种花、鸟、虫、鱼、兽等栩栩如生的动植物造型，也可雕刻成各地的名胜古迹、亭台楼宇。

（5）蔬菜可作为菜点装饰、配色和点缀的原料。蔬菜具有丰富的色彩、多样的质感，也用于菜肴的围边、垫底、拼衬、填充等，使菜肴形色俱佳，起到美化菜肴、烘托主题的作用。

（6）蔬菜也可充当主食。马铃薯、南瓜、山药、藕、芋艿等淀粉含量较高的蔬菜，可以代替粮食制作主食，如“洋芋饼”“南瓜烙”等。

（7）蔬菜还可以腌制、泡制、酱制、干制成各种加工制品，如榨菜泡菜、酱黄瓜、干香菇等。一些蔬菜还可以制作成罐头制品，如“清水蘑菇”等。

第二节　常见的蔬菜类原料

一、叶菜类蔬菜

（一）叶菜类蔬菜的概念、分类、特点及运用

叶菜类蔬菜是指以植物肥嫩的叶片、叶柄为主要食用对象的蔬菜。叶菜类蔬菜种类繁多，按照特点和风味特征，可分为普通叶菜类、结球叶菜类和香辛叶菜类三大类。叶菜类蔬菜有的形态普通，如小白菜、菠菜、苋菜等；有的形体较大，且芯叶抱合，如大白菜、叶用甘蓝等；有的则有特殊的香辛风味，如韭菜、芹菜、葱、茴香等。叶菜类蔬菜由于常含叶绿素、类胡萝卜素、花青素等色素而呈现绿色、黄色、红色或紫色，是人体无机盐、维生素 B、维生素 C 和维生素 A 以及膳食纤维的主要来源。尽管叶菜类蔬菜含水分多，但其持水能力差，若烹制时间过久，则不仅质地、颜色发生变化，而且营养及风味物质也易损失。所以，叶菜类蔬菜多适于生食、凉拌或快速烹调。选择叶菜类蔬菜时以色正、鲜嫩，无黄枯叶、无腐烂者为佳。

叶菜类蔬菜在烹饪中具有重要的作用，可作为主料或配料制作菜肴；可作为面点的馅心或面码用料；可用于调味；可作为装饰料；可加工成腌菜、干菜或速冻菜。

（二）叶菜类蔬菜的种类

1．普通叶菜类蔬菜

普通叶菜类是以植物的嫩叶（常为绿叶，故又统称为青菜）、叶柄有时也包括嫩茎作为食用部位的蔬菜。普通叶菜类蔬菜通常植株矮小，生长期短，采收时间不甚严格，所以成熟上市快，在蔬菜的淡旺季调节中具有重要的作用。普通叶蔡类蔬菜的种类较多，形态、风味各异，在人们的日常生活中占有重要的地位。

（1）小白菜。

【别　　名】白菜秧、油白菜、青菜等。

【产　　地】小白菜原产于我国，在南方广泛栽培。

【外形及特点】叶片浅绿、深绿或墨分光滑，散生；叶柄明显，扁宽或圆窄，按叶柄的颜色可分为白梗白菜、青梗白菜。小白菜纤维少，质地柔嫩，味清香。

【烹调应用】烹饪中用于炒、拌、煮等，或制作馅心；筵席上多取其汁或作为鲜味菜肴的嫩心，如“鸡蒙菜心”“海米菜心”，并常将其作为配料。

图 2.1　小白菜

（2）冬寒菜。

【别　　名】冬菜、冬葵、葵菜、滑菜、露葵等。

【产　　地】原产于亚洲东部。

【外形及特点】植株较矮，叶半圆形扇状，叶面较皱，绿色，带有淡褐紫斑，叶柄长，浅绿色。冬寒菜清香鲜美，入口柔滑，为我国的主要蔬菜之一；营养丰富，有“五菜之王”之称。

【烹调应用】烹饪中主要用于煮汤、煮粥或炒、拌等，如“鸡蒙葵菜”；也可作为奶汤汤汁浓稠的菜肴垫底，如“奶汤海参”。

图 2.2　冬寒菜

（3）落葵。

【别　　名】木耳菜、胭脂菜、藤菜、软浆叶、豆腐菜、紫果叶等。

【产　　地】原产于我国和印度。

【外形及特点】嫩茎淡紫色至粉红色、绿色、淡绿色；叶片卵圆形、近圆形等，叶片基部心形。落葵以嫩叶及嫩梢供食，柔嫩爽滑、清香多汁。

【烹调应用】适于炒、烫、凉拌、做汤。

图 2.3　落葵

（4）油菜。

【分　　类】油菜按其叶柄颜色可分为青帮油菜和白帮油菜。

【特　　点】其质地脆嫩，色泽翠绿。

【烹调应用】烹饪中，油菜可作为主料制作菜肴，如“海米扒油菜”“鸡茸油菜”“香菇扒油菜”。

图 2.4　油菜

（5）乌塌菜。

【别　　名】塌菜、塌棵菜、太古菜、乌菜等。

【产　　地】原产于我国长江流域。

【外形及特点】植株矮小，基生叶密生成莲座状，浓墨绿色，叶面平滑或皱缩，叶尖反卷。乌塌菜分塌地型和半塌地型两种。塌地型的植株与地面紧贴，呈圆盘状，叶色墨绿，顶生叶完全露出，如上海塌棵菜、常州乌塌菜；半塌地型的植株与地面呈45°角，顶生叶半抱合，叶尖明显向外翻卷，形似瓢儿菜、乌鸡白。乌塌菜质地柔嫩，味甜而具清香，冬季食用味最佳。

【烹调应用】乌塌菜可炒、煮、做汤、制馅，制作时不宜加酱油，以保其青翠色及清香味。

图2.5　乌塌菜

（6）菠菜。

【别　　名】雨花菜、角菜、鹦鹉菜、赤根菜等。

【产　　地】原产于中亚伊朗一带。

【外形及特点】菠菜品种较多，按上市季节分为越冬菠菜、春菠菜、夏菠菜、秋菠菜、冻藏菠菜等，按叶形及种子上有无刺可分为尖叶有刺、圆叶无刺、尖圆叶杂交等品种。菠菜叶嫩清香，根红味甘。

【烹调应用】中餐烹饪中用以凉拌、炒或做汤；亦可取嫩叶及其汁制绿色面粉团，如姜汁菠菜、菠菜鸡蛋汤、菠菜面、三色汤圆等。西餐中常用于制作沙拉，煮后制菠菜蓉、菠菜泥作为配菜，或用于制汤，或作为夹馅用于肉卷、馅饼的制作，或取其浓绿的叶片为意粉赋色等，亦常用于加工速冻菜和蔬菜罐头。菠菜因含较多的草酸，略有涩味，食用时应用沸水焯后浸入冷水中备用。

图2.6　菠菜

（7）蕹菜。

【别　　名】空心菜、藤藤菜、无心菜、通心菜等。

【产　　地】原产于我国。

【外形及特点】蕹菜以嫩茎叶供蔬食。叶为长心脏形，绿色，柄甚长；茎蔓生，有节、中空。蕹菜可分为白花种、紫花种和小叶种三类，按繁殖方式分为子蕹和藤蕹，按生长环境可分为旱蕹和水蕹两类。蕹菜的茎和叶鲜嫩、清香、多汁。其富含胡萝卜素和核黄素，维生素 C 的含量接近于番茄。

【烹调应用】蕹菜在烹饪中多用以炒、拌及做汤。筵席上多取其适令季节的嫩茎叶制作随饭小菜，如“姜汁蕹菜”“素炒蕹菜”等。

图 2.7　蕹菜

（8）苋菜。

【别　　名】青香苋、米苋、仁汉菜等。

【产　　地】原产于热带亚洲。

【外形及特点】苋菜以幼苗或嫩茎叶供蔬食。依叶型的不同有圆叶和尖叶之分，以圆叶种品质为佳；依颜色有红苋、绿苋、彩色苋之分。此外，在浙江、江西等省还有专取食肥大茎部的茎用苋菜。因苋菜草酸含量高，故食用前应焯水处理。

【烹调应用】苋菜在中餐烹饪中可炒、煸、拌、做汤。老茎用来腌渍、蒸食，有似腐乳之风味。西餐中常用于苋菜蓉、苋菜泥的制作，也可煎炒后做配菜、夹馅，或用于制汤。

图 2.8　苋菜

（9）叶用莴苣。

【别　　名】生菜、莴菜、千金菜、千层剥。

【产　　地】原产于地中海滑岸。

【外形及特点】叶用莴苣品种较多，常分为结球莴苣（卷心莴苣）、皱叶莴苣（玻璃生菜）、散叶莴苣、直立莴苣。结球莴苣又可细分为奶油莴苣、脆叶莴苣和苦叶莴苣。不同品种的叶用莴苣其叶形、叶色、叶缘、叶面的状况各异，但质地均脆嫩、清香，有的略带苦味。

【烹调应用】叶用莴苣是西餐烹饪中最为重要的叶菜之一，大多生用于制作沙拉，或作为菜肴的垫底，作为汉堡、三明治的夹馅，也可作为包卷料包裹牛排、猪排或猪油炒饭，丰富菜肴的色泽和口感。中餐烹饪中可用于凉拌、蘸酱、拼盘或包上已烹调好的菜饭一同进食，或炒食、做汤。韩餐中广泛用于包裹烤肉食用。叶用莴苣也可作辅料直接冷拌或用沸水焯后拌食，亦可炒食或制汤。

图 2.9　叶用莴苣

（10）木耳菜。

【别　　名】落葵、紫角叶、胭脂菜、软江叶等，因其口感似木耳，故名木耳菜。

【产　　地】原产于我国和印度，目前我国南方各省栽培较多。

【外形及特点】木耳菜菜叶色翠绿，茎紫红，单叶互生，近圆形和长卵形，前端钝或微凹。

【烹调应用】木耳菜宜作汤羹，亦可作冷拌菜和炒食，如“落葵豆腐肉片汤”“清炒木耳菜”“蒜泥木耳菜”等，其味清香、清脆爽口。

图 2.10　木耳菜

（11）马齿苋。

【别　　名】蚂蚱菜、瓜子苋、马踏菜、马生菜等。

【外形及特点】马齿苋茎是紫色，叶为绿色，呈倒卵形匙状，鲜马齿苋不晒，不怕涝，不怕旱，生命力强。

图 2.11　马齿苋

【烹调应用】马齿苋在烹调中焯后可冷拌，还可和面粉或玉米熬粥、制汤、做饼或蒸食。

（12）西洋菜。

【别　　名】豆瓣菜、水蔊菜、无心菜、水芹菜、水田芥，是十字花科多年生蔬菜。

【产　　地】原产于欧洲。

【外形及特点】西洋菜以其幼嫩茎叶供食用，质地脆嫩，色泽浓绿青翠，具有一定的香辛气味。

【烹调应用】可用于荤素菜肴的制作，除用米炒食、涮食外，主要做汤料，具有去油解腻的作用。

图 2.12　西洋菜

（13）荠菜。

【别　　名】茇茇菜、净肠草、血压草、清明草。

【外形及特点】荠菜的嫩叶尤其是嫩根味鲜，有特殊的清香味。野生或人工栽培。荠菜的栽培种分为板叶荠菜和散叶荠菜两种。

【烹调应用】荠菜可用于炒、拌，或做馅心。代表菜式有“荠菜鱼卷”“荠菜春卷”“荠菜炒百合”“荠菜猪肝汤”“荠菜猪肉饺”。

图 2.13　荠菜

（14）莼菜。

【别　　名】淳菜、水葵、湖菜、水荷叶等。

【产　　地】为地方特产，以太湖、西湖所产为佳。

【外形及特点】莼菜按色泽分为红花品种（叶背、嫩梢、卷叶均为暗红色）和绿花品种（叶背的边缘为暗红色）两种。由于其有黏液，故食用时口感润滑，风味淡雅。烹调时应先用开水焯熟，然后放入做好的汤或菜中。

【烹调应用】莼菜多用于制作高级汤菜，润滑清香，如“芙蓉莼菜”“清汤莼菜”等；也可拌、熘、烩，如“鸡绒莼菜”“莼菜禾花雀”等。

图 2.14　莼菜

（15）菜用芦荟。

【别　　名】油葱、龙角、龙舌草等。

【产　　地】原产于地中海和非洲地区。

【外形及特点】菜用芦荟多选择肥厚多汁的品种，如翠绿芦荟、中国芦荟、花叶芦荟等，叶片肥厚，叶面有光泽，叶缘少刺，上下表皮薄。叶片或炒或拌，无苦味，味清淡，质柔滑，富含黏液。选择时以宽厚、结实、边缘硬、切开后能拉出黏丝的叶片为佳。

【烹调应用】中西烹饪中，将芦荟表皮去除后即可凉拌生食；也可将叶肉整块放入沸水中浸煮 10 分钟左右，以去除黏液，然后切成条、块、丝、段、粒等，用于拼盘、配菜、装饰；适用于拌、炒、煮、焖、炖、炸或做汤；也可用酱油腌渍成芦荟酱菜，风味独特。代表菜式有"酥炸芦荟条""芦荟炒鸡丁""芦荟水果色拉"等。需注意的是：体质虚弱者、少儿以及孕期和经期的妇女应避免食用。

图 2.15　菜用芦荟

（16）叶用甜菜。

【别　　名】莙荙菜、恭达菜、根达菜、牛皮菜、甜白菜等。

【产　　地】原产于欧洲地中海沿岸。

【外形及特点】叶片较大，红色或绿色，有光泽，叶面皱缩或平坦；叶柄宽厚、粗壮。叶用甜菜按叶柄颜色分为白梗甜菜、绿梗甜菜和红梗甜菜三种。叶片和叶柄肥厚，多汁、味甘甜。

【烹调应用】叶用甜菜在烹饪中适于炒、煮、凉拌或用于汤中。需注意的是：由于植株中含草酸，故需用沸水煮烫后用冷水浸漂，再行烹制。

图 2.16　叶用甜菜

（17）香椿

【别　　名】椿芽。

【产　　地】为我国特产木本蔬菜，各地均有分布，清明前后上市。

【外形及特点】香椿的嫩茎为绿色或基部为褐紫红色，均布满白色茸毛，嫩叶片为鲜绿色或带紫色，顶端嫩叶为淡褐红色或带绿晕。香椿质柔嫩，纤维少，味鲜美，有独特而浓郁的香气。

【烹调应用】香椿在烹饪中可生拌、短时炒、煎，亦常加工成腌制品或干菜。代表菜式有"香椿炒蛋""椿芽拌豆腐"等。

图 2.17　香椿

（18）蕨菜。

【别　　名】蕨、蕨儿菜、拳头菜、乌糯等。

【产　　地】主要产于我国东北、西北和西南各地。

【外形及特点】刚出土的嫩叶叶柄直立，呈圆柱状，直径 4 ~ 6 毫米，长 20 ~ 35 厘米；叶片拳曲。蕨菜以嫩叶供食，口感脆滑，有特殊香味。此外，其根状茎蔓生土中，粗壮，富含淀粉，俗称蕨粉或山粉，亦可食用，可用来做粉丝、粉皮，或酿酒。鲜品使用时，先在沸水中焯烫，以除去黏液和土腥味。

【烹调应用】烹饪上常用重油炒、炖、烩、熘、凉拌；干品经水发后，用以炖食。

图 2.18　蕨菜

2．结球叶菜类蔬菜

结球叶菜类蔬菜的叶片通常较大，叶柄宽厚，且在营养生长的末期心叶抱合而形成紧实的叶球。结球叶菜类蔬菜收获后处在休眠状态，耐储藏，是冬、春蔬菜淡季时的重要蔬菜。

选择时通常以包心紧实、形状端正、不带烂叶、无病虫害和损伤者为佳。

（1）大白菜。

【别　　名】卷心白菜、黄秧白、结球白菜、包头白菜、白菜等。

【产　　地】原产于我国，是我国特产蔬菜之一。

【外形及特点】大白菜品种很多，如按结球形态可分为直筒型、卵圆型和平头型；若按叶球抱合程度可分为结球、半结球、花心、散叶十等；按叶色可分为白口菜和青口菜。大白菜质地柔嫩，味鲜美，营养丰富。

【烹调应用】大白菜在烹饪中的应用极为广泛，常用于炒、拌、扒、熘、煮等，以及用于馅心的制作；亦可腌、泡制成冬菜、泡菜、酸菜；或制干菜。筵席上做主辅料时，常选用菜心，如“金边白菜”“油淋芽白菜”“干贝秧白”“炒冬菇白菜”等。此外，大白菜还常作为包卷料使用，如“菜包鸡”“白菜腐乳”等；大白菜还是食品雕刻的原料之一，如用于凤凰尾部的装饰。

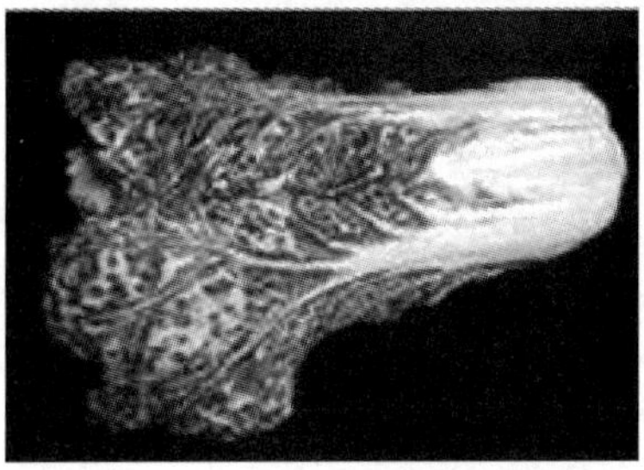

图 2.19　大白菜

（2）结球甘蓝。

【别　　名】卷心菜、莲花白、洋白菜、圆白菜等。

【产　　地】地中海沿岸。

【外形及特点】结球甘蓝按形态可分为尖头型、圆头型、平头型等；按颜色可分为白球甘蓝、紫球甘蓝。结球甘蓝质地脆嫩，味道鲜美略甜。

【烹调应用】中西烹饪中，可做主料、配料、馅心，可生拌、炝炒、煮汤或腌渍、干制。代表菜式有“糖醋莲白”“法式奶汁紫甘蓝汤”。

图 2.20　结球甘蓝

（3）菊苣。

【别　　名】欧洲菊苣、比利时苣荬菜、法国苣荬菜、苦白菜等。

【产　　地】原产于法国、意大利、亚洲北部和北非地区。

【外形及特点】菊苣为结球叶菜或经软化栽培后收获芽球的散叶状叶菜，呈黄白色或叶脉及叶缘具红紫色花纹。菊苣略具苦味，口感脆嫩、柔美。

【烹调应用】西餐烹饪中，菊苣的芽球主要用于生吃，芽球的外叶在煎、焖、煮熟后可作为配菜，也用于汤菜的制作，或作为菜肴的垫底。代表菜式有“菊苣沙拉”“菊苣蔬菜汤”。

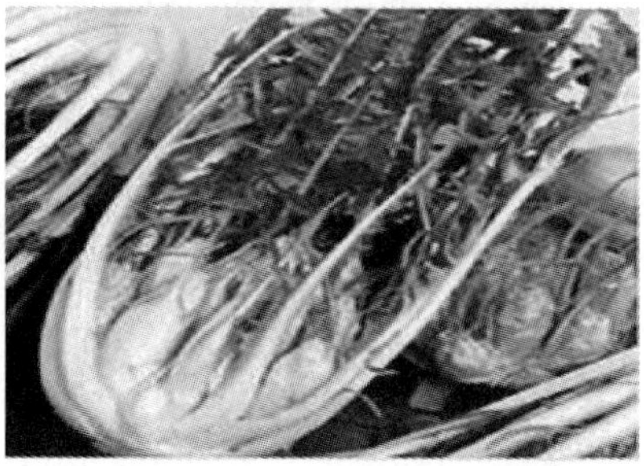

图 2.21　菊苣

（4）苦苣。

【外形及特点】人们常将苦苣与菊苣混淆，实际上二者在植物分类上虽为同一属植物，但为不同的种类，相同之处是均具有苦味。苦苣的栽培种有两个主要的类型：一种为卷叶苦苣，叶片较窄，绿色，外叶卷曲；一种为宽叶苦苣，叶片较宽，浅烟绿色，苦味较淡。

【烹调应用】常用于色拉的制作，亦可用于配菜。代表菜式有“苦苣苹果色拉”“焖苦苣包香菇”。

图 2.22　苦苣

3．香辛叶菜类蔬菜

香辛叶菜类蔬菜多为绿色，由于其叶片、叶柄中含有挥发油成分，故具有浓郁的香辛味。其可供蔬食，做调味料，由于叶片形态多样，常用于菜点的装饰、点缀。选择时以质地新鲜、香味浓郁、无黄枯无腐烂者为佳。

（1）芹菜。

【别　　名】胡芹、旱芹、香芹等。

【产　　地】中国、欧洲。

【外形及特点】依产地的不同可分为本芹和洋芹两大类。本芹为中国类型，根大，叶柄细长，香味浓。本芹依叶柄颜色分为青芹和白芹；依生长环境分为旱芹和水芹。洋芹为芹菜的欧洲类型，又称洋芹菜、实心芹菜、荷兰鸭儿芹，原产欧洲、非洲和亚洲西南部；根小，株高，叶柄宽而肥厚，实心；辛香味较淡，纤维少，质地脆嫩，如西芹。

【烹调应用】中西烹饪中可生食、熟吃；可做主料或配料；可制菜肴、馅心；可用于调味，为西餐中重要的调味蔬菜之一。

图 2.23　芹菜

（2）西芹。

【别　　名】西洋芹等。

【外形及特点】西芹是芹菜的一个变种。西芹与芹菜外形相似，株型较芹菜型大，纤维比芹菜细且少，故比芹菜更加脆嫩。西芹叶柄发达，色翠绿，有特殊香味，脆嫩爽口，净菜率高于 80%。

【烹调应用】同芹菜。

图 2.24　西芹

（3）荷兰芹。

【别　　名】洋芹菜、香芹菜等。

【外形及特点】羽状复叶，叶面卷曲，呈鸡冠状，叶缘有深锯齿，叶色浓绿。叶味辛香且软嫩，风味独特。

【烹调应用】荷兰芹是西餐中不可缺少的辛香菜，在中餐中的应用亦越来越多，可生食、制汤或用作菜品装饰。

图 2.25　荷兰芹

（4）芫荽。

【别　　名】香菜、胡荽、香荽等。

【外形及特点】芫荽为伞形科芫荽的带根全草，有特殊浓郁香味，质地柔嫩。

【烹调应用】中西烹饪中可生食、熟吃，可做主料或配料；可制菜肴、馅心；可用于调味，为西餐中重要的调味蔬菜之一。

图 2.26　芫荽

（5）韭菜。

【别　　名】草钟乳、长生韭、扁菜、懒人菜、起阳草等。

【产　　地】原产于我国。

【外形及特点】韭菜叶簇生，扁平狭线形，绿色，叶鞘合抱成假茎，花茎细长、绿色，花白色。按食用部位可分为根韭、叶韭、花韭、韭苔、花叶兼用韭五个类型。其遮光品种为韭黄，纤维少、质细嫩、口感舒适。

【烹调应用】烹饪中常作为馅心用料，亦可生拌、炒食、做汤、调味或腌渍。

图 2.27　韭菜

（6）葱。

【别　　名】大葱、汉葱、直葱等。

【产　　地】原产于我国。

【外形及特点】品种较多，常分为：① 普通大葱：植株较高，假茎粗长，蔬食或调味。② 分葱：又称小葱、菜葱，为大葱的变种，质地柔嫩，味清香，微辣，主要用于调味。③ 香葱：又称细香葱、北葱等，植株小，叶极细，质地柔嫩，味清香，微辣，主要用于调味。④ 楼葱：又称观音葱，为大葱的变种，鳞茎叠生，可做菜肴的主、配料。

图 2.28　葱

（7）韭葱。

【别　　名】洋大蒜、扁葱、扁叶葱、洋蒜苗等。

【产　　地】原产于欧洲中南部，栽培历史悠久。

【外形及特点】韭葱叶扁而宽，绿色；叶鞘粗肥而白嫩，层层包裹形成圆筒形“假茎”。

【烹调应用】韭葱有一定的香辛气味，但比葱的气味要淡，烹饪中具有增香、去异味等作用，是西餐烹饪中常用的香辛蔬菜，常用于菜肴、汤品等的调味和装饰，假茎部分则常作为熬制汤料、调制热沙司的调味料。

图 2.29　韭葱

二、根菜类蔬菜

（一）根菜类蔬菜的概念、特点及运用

根菜类蔬菜是以植物膨大的变态根作为食用部位的蔬菜，通常为肉质直根，即由植物的主根膨大而成，如萝卜、胡萝卜牛蒡、芜菁、根用芥菜等。由于收获后，根类蔬菜均处于休眠期，故耐储存。根菜类为植物的贮藏器官，因此含有大量的水分，富含糖类以及一定的维生素、矿物质和少量的蛋白质。

烹饪中，根菜类蔬菜可生用、熟制、做馅，加工腌渍菜、干菜，做雕刻、装饰的原料。

（二）根菜类蔬菜的种类

（1）萝卜。

【别　　名】莱菔。

【产　　地】世界各地均有种植。萝卜按产地可分为中国萝卜和西洋萝卜两大类；按上市期分为秋萝卜、夏萝卜、春萝卜和四季萝卜，其中以秋萝卜中的红萝卜、白萝卜、青萝卜三种为最多。我国著名的优良品种有北京心里美、成都春不老等。四季萝卜的肉质根较小，质脆嫩，味甜，多汁，如西洋萝卜。

【外形及特点】萝卜为十字花科两年生或一年生草本植物。肉质直根形状多样，根皮白、绿、红或紫等；味甜、微辣、稍带苦味。除肉质直根外，萝卜的嫩苗及嫩角果也可食用。选择时以外皮光滑、无开裂分枝、无畸形、无黑心、不抽薹为佳。

【烹调应用】萝卜在烹调制作上，可单独做主菜或与其他素原料搭配成菜；可作为装饰料和雕刻料。此外，萝卜还可制馅、腌渍、干制等。代表菜式有“萝卜羊肉汤”“萝卜烧牛肉”“萝卜丝糕”等。西餐中常用西洋萝卜，其肉质根较小，味甜，多汁，用于色拉制作，也可做装饰用料。

图 2.30　萝卜

（2）胡萝卜。

【别　　名】红萝卜、黄萝卜、黄根、金笋、丁香萝卜等。

【产　　地】原产于中亚一带。

【外形及特点】肉质根为圆锥形或圆柱形，呈紫、红、橙黄、黄等色。质细，脆嫩，多汁，味甜，有特殊芳香气味。除肉质根外，嫩叶可作绿色蔬菜食用。选择时以色正、根皮光滑、形状整齐、质地均匀、柱心细、味甜、多脆嫩者为佳。

【烹调应用】胡萝卜可生食、凉拌、炒、烧、炖、煮等，也可制作面食，还可腌制，加工蜜饯、果酱、菜泥和饮料等。此外，也作为配色、雕刻的原料。代表菜式有“胡萝卜烧肉”“凉拌胡萝卜丝”“胡萝卜羊肚丝汤”等。

图 2.31　胡萝卜

（3）牛蒡。

【别　　名】东洋萝卜、黑萝卜、蒡翁菜等。

【产　　地】原产于亚洲。

【外形及特点】肉质根呈圆柱形，全部入土，长约 65 厘米，直径约 3 毫米。表皮厚而粗糙，暗黑色；根肉灰白色，水分少，有香味，质地细致而爽脆。除肉质根外，嫩叶也可食用。选择时以色正、形状整齐、无损伤者为佳。初加工时应注意：其根肉细胞中含较多的多酚物质和氧化酶，切开后易发生氧化褐变，应注意保色。

【烹调应用】烹饪中将牛蒡除去外皮，放在清水中脱涩后，可单独配排骨、鱼等炖、烧、煮食，或切成片裹面糊后炸食。牛蒡也是制作酱菜、渍菜的原料。此外，其嫩茎叶为西餐的冷餐佳品，用于制作色拉或煮汤等。

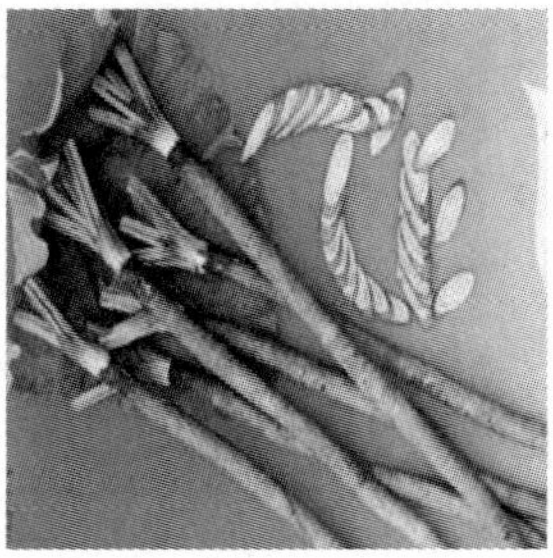

图 2.32　牛蒡

（4）豆薯。

【别　　名】地瓜、凉薯、沙葛、土萝卜、地萝卜、草瓜茹等。

【产　　地】原产于热带美洲。

【外形及特点】主根膨大形成纺锤形肉质根，根皮黄白色，因含丰富的根皮纤维而很易撕去。根肉白色，脆嫩多汁，味甜。选择时以个大均匀、皮薄光滑、肉洁白、无损伤者为佳。

【烹调应用】除生食代水果外，中餐烹饪中可拌、炒，宜配荤，如“地瓜炒肉丁”，亦可做垫底。

图 2.33　豆薯

（5）根用芥菜。

【别　　名】大头菜、疙瘩菜、芥辣、土大头、玉根、冲菜等。

【产　　地】原产于我国。

【外形及特点】肉质根肥大，呈圆锥或圆筒形，上部呈绿色，下部呈灰白色；质地紧密，水分少，粗纤维多，有强烈的芥辣味，稍有苦味；除肉质根外，叶也可供食。选择时以形状端正、皮嫩洁净、含水量少、无空心、无分叉者为佳。

【烹调应用】烹饪中主要经加工制成腌菜、泡菜、酱菜、辣菜和干菜等。鲜时可炒、煮、做汤等。

图 2.34　根用芥菜

（6）雪莲果。

【别　　名】晶薯、菊薯、神果、地参果，音译为“亚贡”。

【产　　地】原产于南美洲的安第斯山脉，是当地印第安人的一种传统根茎食品。

【外形及特点】雪莲果以地下膨大的肉质块根供食用，块根呈纺锤形；根皮薄，呈褐色；根肉晶莹剔透，水分含高，甜美多汁，质地脆爽。

【烹调应用】可生食代水果；亦可煮食、炖汤，如炖鸡、炖排骨；或用于腌制品、糖果、饮料的加工。雪莲果富含低热量的低聚果糖，很适合糖尿病人及减肥者食用，并具有整肠、降血脂、通便、提高免疫力等保健作用。但脾胃虚寒者慎食。初加工时需注意：雪莲果由于富含单宁，切开和去皮后若暴露在空气中，则易褐变。

图 2.35　雪莲果

（7）根甜菜。

【别　　名】红菜头、甜菜根、紫菜头等。

【产　　地】原产于欧洲地中海沿岸，我国有少量栽培。

【外形及特点】肉质根呈球形、卵形、扁圆形、纺锤形等。因含甜菜红素，根皮及根肉均呈紫红色，横切面可见数层美丽的紫色环纹。另一变种为黄菜头，呈金黄色，质地脆嫩，味甘甜，略带土腥味。

【烹调应用】根甜菜可生食、凉拌，或炒、煮汤，亦是装饰、点缀及雕刻的良好原料。

图 2.36　根甜菜

（8）芜菁甘蓝。

【别　　名】大头菜、洋大头菜、洋疙瘩等。

【产　　地】原产于欧美各国及西亚。

【外形及特点】肉质根呈卵球形或圆锥形，根皮光滑，上部呈淡紫红色，下部呈白色微黄。

根肉质地坚实，常呈黄色，有时为白色，无辛辣味，味甜美。

【烹调应用】除鲜食外，还用于拌、炒、煮等外，也用于腌制或酱制。

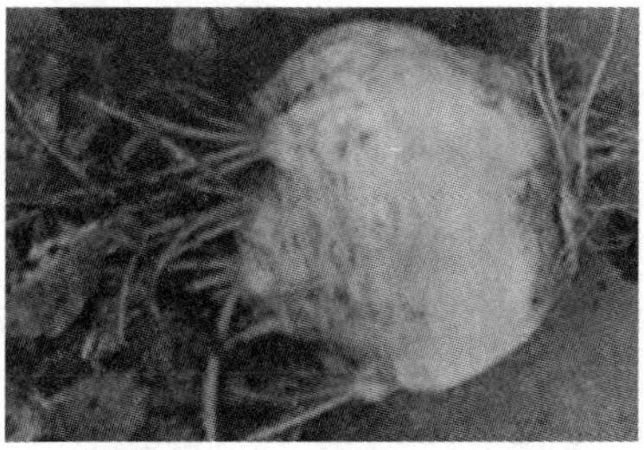

图 2.37　芜菁甘蓝

（9）芜菁。

【别　　名】蔓菁、圆根、扁萝卜等。

【产　　地】原产于我国及欧洲北部地区。

【外形及特点】肉质根肥大，扁圆形至长圆形，根皮呈白、紫、黄等色。质地较萝卜致密，有甜味、无辣味。选择时以肥大柔嫩、质地致密、大小均匀、无空心烂心者为佳。

【烹调应用】除肉根外，嫩茎、叶也可供蔬食。可采用蒸、煮、炖、炒等多种烹调方法，也可腌渍、酱制。西餐运用非常广泛，可以在煎炒、水煮后用来做各种菜肴的配菜，作为汤料、色拉料，同肉一起烩烧，作为禽类烧烤的配料。

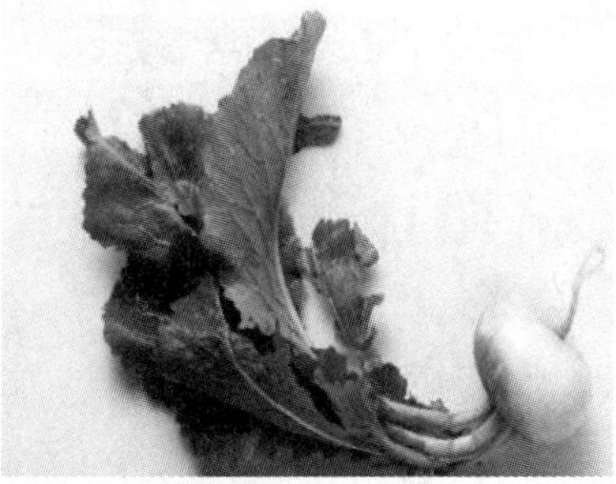

图 2.38　芜菁

三、茎菜类蔬菜

（一）茎菜类蔬菜的概念、分类、特点及运用

茎菜类蔬菜是以植物的嫩茎或变态茎作为食用部分的蔬菜。按照供食部位的生长环境，可分为地上茎菜类蔬菜和地下茎菜类蔬菜。由于植物的茎上有芽，所以茎类蔬菜适于短期储存，并要预防发芽、抽薹等现象的发生。

茎菜类蔬菜营养价值大，用途广，含纤维素较少，质地脆嫩。在烹饪运用上，茎菜类大都可以生食，如茎用莴苣、荸荠、莲藕。另外，地上茎菜类、根状茎菜类常适于炒、炝、拌等加热时间较短的烹饪方法，突显其脆嫩、清香；地下茎中的块茎、球茎、鳞茎等一般含淀粉较多，适于烧、煮、炖等长时间加热的方法，以突出其柔软、香糯。

（二）茎菜类蔬菜的种类

1．地上茎菜类蔬菜

地上茎菜类蔬菜是以植物的嫩茎、肥大而肉质化的变态茎或幼芽作为主要供食部位；含水量高，质地脆嫩或柔嫩；有的具有特殊的风味，如竹笋、茭白等。

（1）竹笋。

【别　　名】简称笋，又称菜竹，为各种竹子的嫩茎、幼芽的统称。

【产　　地】原产于我国。

【外形及特点】供食用的主要有毛竹、慈竹、淡竹等。呈锥形或圆筒棒形，外有箨叶紧密包裹，呈赤褐、青绿、淡黄等色。按照采收季节的不同，竹笋可分为冬笋、春笋、鞭笋。冬笋质量最佳，春笋质地较老，鞭笋质量较差。竹笋的肉质脆嫩，因含有大量的氨基酸、胆碱、嘌呤等而味道鲜美。但有的品种因草酸含量较高，或含有酪氨酸生成的类龙胆酸，从而具有苦味或苦涩味。因此，鲜竹笋在食用之前，一般均需用水煮及清水漂洗，以除去苦味，突出鲜香，这样也有利于钙质吸收。选择时以色正味纯、肥大鲜嫩、箨叶完整、干净整齐、无外伤及虫害者为佳。

【烹调应用】烹饪中，竹笋可采用拌、炒、烧、煸、焖等方法成菜，如“凉拌笋丝”“干煸苦笋”“筒子笋烧鸡”等；或干制加工成玉兰片、笋丝；或制作腌渍品、罐制品等；并可作为提鲜、增香，配色、配形的原料。除嫩茎及芽外，包于竹笋外的箨叶基部称为笋衣，也是味鲜美的可食部分。

图 2.39　竹笋

（2）茎用莴苣。

【别　　名】莴笋、青笋、白笋、生笋等。

【产　　地】原产于亚洲西部及地中海沿岸，传入我国后，起初仅食叶，后选育成以茎用为主的变种。

【外形及特点】为菊科草本植物莴苣的嫩茎。除嫩茎外，嫩叶也可食用，俗称“凤尾”。肉质嫩茎呈长圆筒形或长圆锥形，肥大如笋；茎皮绿白、青绿、紫绿或紫红色。依叶形可分为尖叶型和圆叶型两类。嫩茎肉质细嫩，多汁，味清淡。选择时以茎粗大、节间长、质地脆嫩、无枯叶空心和苦涩味者为佳。

【烹调应用】烹饪制作中，可生拌，或炒、炝、烧等，“如红油牛舌片”“莴笋肉片”“莴笋烧鸡”等；亦可腌制，如泡笋、酱笋等。

图 2.40　茎用莴苣

（3）菜用仙人掌。

【产　　地】原产于墨西哥，是墨西哥等拉美国家甚至欧洲各国人民喜食的普通蔬菜。我国已试种成功。

【外形及特点】与观赏仙人掌相比，菜用仙人掌生长迅速，含水量大，纤维含量少，绿色扁平茎上的针状叶易脱落，口感清香，质地脆嫩爽口。选择时以生长期为 30 天之内、色泽嫩绿、质地饱满、表面无裂痕者为佳。

【烹调应用】食用时去刺去皮、洗净、刀工处理后，用盐水煮几分钟或在沸水中焯烫以去掉黏液，即可制色拉，做三明治的夹馅，或配菜等；亦可凉拌、炒食，或挂糊油炸、炖煮等。代表菜式有“凉拌仙人掌”“仙人掌炒肉丝”。

图 2.41　菜用仙人掌

（4）芦笋。

【别　　名】石刁柏、龙须菜、露笋等。

【产　　地】原产于欧洲东部、地中海沿岸和小亚细亚地区。

【外形及特点】嫩茎呈圆柱形，长 10 ~ 30 厘米，横径 1 ~ 1.5 厘米，入土部分为白色，出土后为绿色，经培土软化后甘香柔嫩，有特殊清香。由于栽培方法的不同，芦笋有绿、白、紫三色之分。栽培时，若芦笋得到充分的日照，当其长为 20 厘米时采收，即为绿芦笋；若培土或遮光，则芦笋呈白色，质嫩清香，为白芦笋；当芦笋嫩茎冒出地面几厘米时，其前端的苞片泛着紫光，此时收割即为紫芦笋。三者之中，以紫芦笋的质量最佳。选择时以色泽纯正、条形肥大、顶端圆钝而芽苞紧实、上下粗细均匀、质鲜脆嫩者为佳品。

【烹调应用】烹饪中可炒食、红烧、做汤、凉拌等，如“奶油芦笋”“肉卷芦笋”“虾仁芦笋”等；也常用于腌渍、制罐。西餐中常在焯烫、煎炒后作为配菜、色拉料及菜肴的装饰，如“奶油乳汁芦笋”“芦笋浓汤”“芦笋虾酱”。

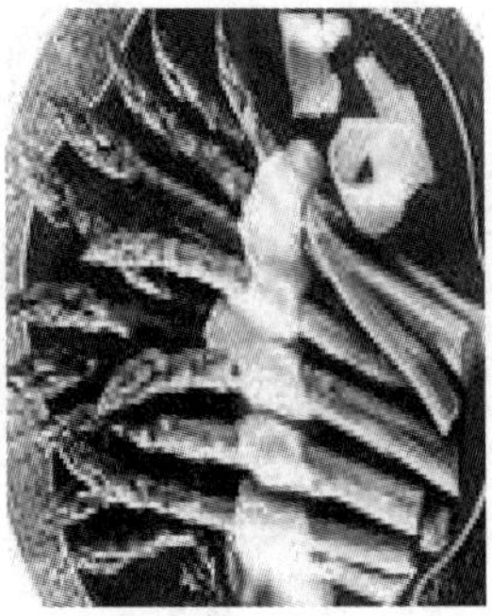

图 2.42　芦笋

（5）茭白。

【别　　名】菰笋、茭笋、高笋、茭瓜等。

【产　　地】原产于我国，为我国特有蔬菜之一。

【外形及特点】茭白为菰的花茎经菰黑粉菌侵染后，细胞增生而形成的肥大嫩茎。肉质茎呈纺锤形或棒形，肥嫩似笋，较笋柔软；表皮青白色、光滑；茎肉白色，质地软嫩、味清香。选择时以表皮光滑、嫩茎肥壮、肉色洁白、无糠心锈斑者为佳。

【烹调应用】茭白为家常佳蔬，亦是宴席蔬菜用料。烹饪中可煮后凉拌，或炒、烧、烩、做汤、制馅，如“茭白炒肉片”“酱烧茭白”“茭白烧卖”等。

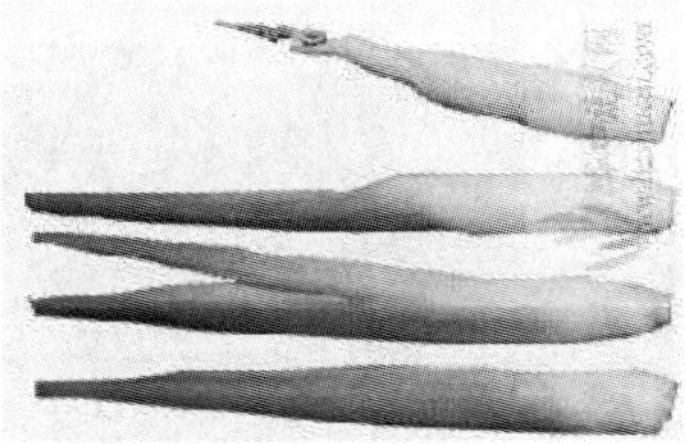

图 2.43　茭白

（6）芦蒿。

【别　　名】蒌蒿、水艾、水蒿、藜裔等。

【产　　地】分布于蒙古国、朝鲜、俄罗斯以及我国大部分地区。

【外形及特点】芦蒿为湿中生耐阴性的多年生草本植物。芦蒿以鲜嫩茎秆供食，味道清香、鲜美，质地脆嫩爽口，营养丰富。芦蒿按嫩茎颜色可分为青芦蒿和白芦蒿两类。青芦蒿的嫩茎呈青绿色，白芦蒿的嫩茎呈浅绿色。选择时以质地鲜嫩、味清香、无老叶枯叶者为佳。

【烹调应用】烹饪中，芦蒿可凉拌或炒食，与肉类相配最宜，也用于腌制酱菜。

图 2.44　芦蒿

2．地下茎菜类蔬菜

地下茎是植物生长在地下的变态茎的总称。虽然生长于地下，但仍具有茎的特点，即有节与节间之分，节上常有退化的鳞叶，鳞叶的叶腋内有腋芽，所以具有繁殖的作用，以此与根相区别。地下茎主要有四类，即块茎、鳞茎、球茎和根状茎，在这四类中均有可供食用的蔬菜。

1）块茎类蔬菜

块茎是地下茎的末端肥大成块状、适应贮藏养料和越冬的变态茎。其表面有许多芽眼，一般作螺旋状排列，芽眼内有芽。块茎类蔬菜常贮藏有大量的水分和淀粉，富含维生素 C 以及一定量的蛋白质和矿物质，营养丰富，如马铃薯、竹芋等。

（1）马铃薯。

【别　　名】洋芋、土豆、山药蛋、地蛋等。

【产　　地】原产于南美洲。

【外形及特点】块茎呈圆形、卵圆形、椭圆形等，茎皮呈红色、黄色、白色或紫色，薯肉呈白色、黄色或紫色。选择时以块形大且均匀整齐、皮薄光滑、芽眼浅、肉质细密者为佳。若由于贮藏不当而出现表皮发紫、发绿或出芽后，块茎中的毒素——龙葵素就会明显增加，所以，食用时应挖去芽眼，削去变绿、变紫以及腐烂的部分，并加醋烹调，以防中毒。

【烹调应用】马铃薯在烹饪中的用途十分广泛，可作主食、入菜、制作小吃、提取淀粉等，还常用于冷盘的拼摆及雕花。在菜肴的制作中，适于各种烹调方法，适于各种调味，荤素皆宜。代表菜式有中菜的“拔丝土豆”“醋溜土豆丝”“土豆烧牛肉”“土豆丸子”，西菜中的“炸薯条”“土豆泥”“烤马铃汤”“土豆串烧”“奶油土浓汤”等。马铃薯皮也可被利用，如美洲菜中的“炸马铃薯皮”用于开胃菜的制作。

图 2.45　马铃薯

（2）竹芋。

【产　　地】分布于美洲、亚洲的热带地区，我国广东、广西、云南栽培广泛。

【外形及特点】竹芋的匍匐根状茎上生着肉质块茎。块茎淀粉含量高，但不宜生食。常将块茎的皮去掉，加水磨碎，干燥成粉，再洗涤数次即成竹芋粉。中医认为竹芋具有清肺止咳、清热利尿的功效。竹芋粉加水煮沸后即成透明、无异味的可口糊状物。

【烹调应用】烹饪中可用做汤、调味汁、布丁和甜品的凝胶剂。与其他淀粉相比，竹芋的粉质细，可在较低温度和较短时间内糊化，易消化。适于制作不宜长时加热的食物，如牛奶蛋糊，以及制作味淡、低盐和低蛋白的食物。

图 2.46　竹芋

（3）山药。

【别　　名】薯蓣、山芋、野山豆等。

【产　　地】原产于我国。较好的品种为河南沁阳市所产的“怀山药”，亦称为“淮山药”。

【外形及特点】块茎外皮呈黄褐色、赤褐色或紫褐色，块茎形状有长形棒状、扁形掌状、块状三种。

【烹调应用】在烹饪制作中，山药常作为宴席甜菜用料，如“蜜汁带馅山药泥”“拔丝山药”“虎皮山药”等；也可作为咸味蒸制菜肴的垫底；还可拌、烧、烩、焖、炸；或煮粥、做糕点，如“山药粥”“薯蓣糕”等。

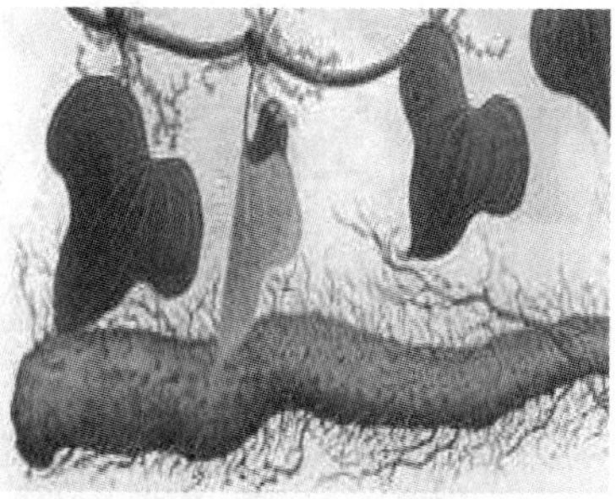

图 2.47　山药

2）球茎类蔬菜

球茎为地下茎末端肥大呈球状的部分，是适应贮藏养料而越冬的变态茎。芽多集中于顶端，节与节间明显，节上着生膜质状鳞叶和少数腋芽。球茎富含淀粉，以及蛋白质、维生素和矿物质，具有爽脆或绵糯的口感，有的更具独特的风味，如芋艿、慈姑、荸荠等。

（1）荸荠。

【别　　名】马蹄、水芋、红慈菇、地栗等。

【产　　地】原产于印度。

【外形及特点】球茎呈扁圆形、表面平滑，老熟后呈深栗色或枣红色，有环节 3 ~ 5 圈，并有短喙状顶芽及侧芽。球茎质地细嫩，肉白色，富含水分，味甜。荸荠按淀粉含量分为水马蹄型和红马蹄型两种。水马蹄型含淀粉多，质地较粗，适于熟食或制取淀粉；红马蹄型富含水分，茎柔甜嫩，粗渣少，适于生食及制罐。选择时以个大饱满、皮色红黑、顶芽完整、质地多细嫩、皮薄味甜、无渣者为佳。

【烹调应用】荸荠可生食代水果或制成甜菜，如荸荠饼；也可采用炒、烧、炖、煮的方法烹制菜肴，常配荤料，如“荸荠炒肉片”“地栗炒豆腐”“荸荠丸子”等；还可提“马蹄粉”；同时也是制罐的原料，如“糖水荸荠”。

图 2.48　荸荠

（2）魔芋。

【别　　名】蒟蒻、花杆莲。

【产　　地】原产于我国和越南。

【外形及特点】球茎大，呈扁球形，直径 3 ~ 25 厘米，表皮呈褐色；富含魔芋甘露多糖、果胶等成分，具有帮助肠道蠕动的作用。但因其含有毒的生物碱，需加工成魔芋粉后，再经石灰水或碱水进一步处理去毒，加工成魔芋豆腐、魔芋粉条、素鸡胗、素肚花、雪魔芋等制品。

【烹调应用】魔芋制品在烹饪中常用于烧烩菜式，如“魔芋烧鸭”“家常魔芋”等；素鸡胗、素肚花可用于炒、拌等方法。

图 2.49　魔芋

（3）芋头

【别　　名】芋艿、芋魁、芋根等。

【产　　地】原产于东南亚。

【外形及特点】球茎呈圆、卵圆、椭圆或长形；皮薄粗糙，呈褐色或黄褐色；肉质细嫩，多为白色或白色带紫色花纹。芋头品种繁多，主要分水芋和旱芋两类。旱芋栽培较为普遍，但水芋品质较好。按生长发育先后和球茎分蘖习性，芋头又分为多子芋、多头芋、魁芋以及母芋、子芋、孙芋等。著名的优良品种有广西荔浦槟榔芋、台湾槟榔芋和竹节芋等。选择时以球茎肥茎外，芋花形状端正、组织饱满、未长侧芽、无干枯损伤者为佳，芋叶均可入菜。

【烹调应用】烹饪中，芋头可采用烧、炖、煮、蒸等烹制方法入菜，荤素皆宜，如“芋艿全鸭”“双菇芋艿”“芋母烧肉”；也用以制作小吃、糕点，如“五香芋头糕”“桂花糖芋艿”；或用于淀粉的提取及制浆。

图 2.50　芋头

3）鳞茎类蔬菜

鳞茎为生着肉质鳞叶的短缩地下茎，是为适应不良环境而产生的变态的茎与叶。鳞茎短缩成盘状，特称为“鳞茎盘”，其上着生密集的鳞叶及芽。根据外围有无干膜状鳞叶，鳞茎又分为有皮鳞茎（如洋葱、大蒜）和无皮鳞茎（如百合）。鳞茎含丰富的碳水化合物、蛋白质、矿物质与多种维生素。除个别种类外，大多数鳞茎类蔬菜还含有白色油脂状挥发性物质——硫化丙烯，从而具特殊辛辣味。供蔬食或调味的主要有大蒜、洋葱、百合等。

（1）洋葱。

【别　　名】葱头、球葱、圆葱、西洋梨等。

【产　　地】原产于西南亚地区。

【外形及特点】鳞茎大，呈球形、扁球形或椭圆形，外皮白色、黄色或紫色；鳞片肥厚，生时辛辣、爽脆，熟后香甜、绵软。黄皮洋葱外皮金黄色，肉质细嫩，肉色微黄，味甜略带辣味，品质好；紫皮洋葱又称红衣葱，外皮紫红色或粉红色，鳞茎较大，鳞片肥厚，肉色微红，但肉质略粗，辣味浓；白皮洋葱外皮白色或略带绿色，鳞茎较小，肉质白色。选择时以鳞茎肥壮、外皮干燥不抽薹、无腐烂者为佳。

【烹调应用】洋葱在西餐制作中是非常重要的一种蔬菜，除做如色拉料、炸洋葱圈、法式洋葱汤以及三明治和汉堡的夹馅等蔬食外，更是重要的调味蔬菜，广泛用于汤、菜肴、面点、沙司、肉制品的调味增香。中餐烹饪中主要供蔬食，可生拌、炒、烧、炸等，与荤类原料相配更佳，如“洋葱炒肉片”“洋葱烧肉”“洋葱炒鸡蛋”“老虎菜”等。

图 2.51　洋葱

（2）蒜。

【别　　名】大蒜、蒜头、胡蒜、独蒜等。

【产　　地】原产于亚洲西部。

【外形及特点】鳞茎由灰白色膜质外皮包裹，称为“蒜头”，内有小鳞茎 1~30 枚，称为“蒜瓣”。按蒜瓣外皮呈色的不同，分紫皮蒜、白皮蒜两类，蒜肉均呈乳白色；按蒜瓣大小不同，分为大瓣种和小瓣种两类；按分瓣与否，分为瓣蒜、独蒜。蒜瓣组织被破坏后，释放出强烈的辛辣味和独特的蒜香风味。选择时以蒜瓣丰满、鳞茎肥壮、干爽、无干枯开裂者为佳。

【烹调应用】中西餐烹饪中常用作调味配料，具有增加风味、去腥除异、杀菌消毒的作用。在中餐中，蒜与葱、姜、辣椒合称为调味“四辣”，用于生食、凉拌、烹调、糖渍、腌渍；也可作为蔬菜应用于烧、炒的菜式中，如大蒜烧肚条、大蒜烧鲢鱼等。西餐烹饪中主要熟用于调味，为面包、比萨、汤、沙司、意粉、薯泥、肉类、海鲜等增香，如蒜茸面包、意式大蒜迷迭香酱；也常制成大蒜粉用于灌肠、肉制品的赋味。

图 2.52　蒜

（3）百合。

【别　　名】白百合、蒜脑薯、蒜瓣薯、中逢花等。

【产　　地】原产于亚洲，我国自古栽培，甘肃、湖南等地所产享有盛名。

【外形及特点】鳞茎近球形，由片状鳞片层层抱和而成。芳香适中，略带苦味，富含蛋白质和淀粉，营养丰富。中医认为其具有养心安神、润肺止咳的功效。选择时以鳞茎完整、色味纯正、无泥土损伤者为佳。

【烹调应用】百合除做药膳的常用原料外，在烹饪中主要做甜菜的用料，如“百合羹”“百合莲藕”等；也可配荤素原料用于炒、煮、蒸、炖等菜式，如“百合炒肉片”“百合猪蹄”；或用于酿式菜肴，如“百合酿肉”；还可以煮粥，或提取淀粉制作糕点。

图 2.53　百合

4）根状茎类蔬菜

根状茎又称为根茎，是多年生植物与节间之分，节上有退化的鳞叶，并具顶芽和腋芽；富含淀粉和水分，质地爽脆、多汁；可作为蔬食或调味的有莲藕和姜。

（1）莲藕。

【别　　名】莲、莲菜。

【产　　地】原产于印度，我国已有 3 000 多年的栽培历史。我国湖南湘潭、福建建宁所产的莲藕质量最好，分别称为“湘莲”“建莲”。

【外形及特点】根状茎呈节状，多为 4 ~ 5 节，以 2 ~ 3 节质地最佳，最后一节细长，肉质粗老，品质较差。每节内有 5 ~ 10 个孔道，为通气组织。藕按上市季节可分为果藕、鲜藕和老藕；按花的颜色可分为白花莲藕、红花莲藕；按用途可分为花用种、子用种和藕用种。白花莲藕的藕节粗，呈长圆形，表皮光滑，白色或淡黄色，肉质脆嫩，汁多味甜。红花莲藕的藕节细瘦，外皮有锈斑，皮色和黄，含淀粉多，肉质较粗。选择时以藕节肥大饱满、色正、脆嫩多汁、清香味甜、不带藕尾者为佳。

【烹调应用】在烹饪中，生食、拌、炝、炒多选用白花莲藕，烧、炖、煮、蒸等多选用红花莲藕；可磨粉作藕圆子或藕饼；充当素馔中的鸡片；常用于酿式菜肴的制作，如“八宝酿藕”“锅贴藕盒”；此外，也可提取淀粉即“藕粉”，调食或作菜肴芡粉及宴席甜菜的稠汤料；或用于蜜饯的制作，如“糖藕片”。

图 2.54　莲藕

（2）姜。

【别　　名】生姜、鲜姜、黄姜等。

【产　　地】原产于印度尼西亚。

【外形及特点】根状茎肥大，呈不规则块状，灰白或黄色，具独特芳香辛辣味。姜按皮色可分为灰白皮姜、白黄皮姜和黄皮姜；按采收期的不同，可分为嫩姜、老姜和种姜。嫩姜又称子姜、仔姜，在姜块刚膨大时采收，含水量大，辣味淡，脆嫩清香；老姜是在姜块充分膨大、老熟后采收，质老水分少，辣味浓厚，耐储藏；种姜是作种的姜块在长出新的地下茎后采收，质地粗糙，辣味浓。选择时以姜块完整饱满、节疏肉厚、味浓、嫩姜肉质雪白者为佳。但需注意腐烂后的姜块中会产生毒性很强的黄樟素，不宜食用。

【烹调应用】在中餐烹饪中，嫩姜适于炒、拌、泡，蔬食及增香，如“子姜牛肉丝”“姜爆鸭丝”等；老姜主要用于调味，去腥除异增香。此外，还可干制、酱制、糖制、醋渍及加工成姜汁、姜粉、干姜、姜油等。西餐中广泛应用于沙司、肉类、禽类、海鲜、汤和蛋糕羔、布丁的赋味；或用于饮料、酒类的增香及鸡尾酒的调制，如“姜汁汽水”；并常制成姜粉用于烧烤、肉制品中或配制咖喱粉。

图 2.55　姜

四、花菜类蔬菜

花菜类蔬菜是以植物的花为食用对象的蔬菜，有黄花菜、花椰菜、茎椰菜等。

（1）黄花菜。

【别　　名】金针菜、萱菜、黄花等。

【产　　地】原产于我国，以山西大同所产质量最好，湖南产量最多。

【外形及特点】常见品种有黄花菜、北黄花菜、红萱等。黄花菜因供食的花蕾呈黄色，形似金针，故又称金针菜。其以新鲜花蕾或干花蕾供食。因其鲜品的花蕊中含较多的秋水仙碱，故需摘除或煮熟后方能入馔。而其干品经过了蒸制，毒性丧失，质地柔嫩，具特殊清香味。

【烹调应用】烹饪中可炒、氽汤，或作为面食馅心和臊子的原料，如“黄花炒肉丝”“黄花鸡丝汤”等。

图 2.56　黄花菜

（2）花椰菜。

【别　　名】菜花、花菜、花甘蓝、洋花菜等。

【产　　地】原产于欧洲。

【外形及特点】花椰菜的花茎、花柄及花蕾均为乳白色的肉质块状，为食用的主要部分。花球质地细嫩，粗纤维少，味甘鲜美。花椰菜按生长期的不同，分为早熟种、中熟种及晚熟种；按颜色有白色、绿色、紫色等种类。选择时以花球质地坚实、表面平整、边缘未散开、色泽美丽者为佳。

【烹调应用】花椰菜在烹调中可做主料或配料，最宜与动物原料合烹。中餐烹饪中，常先焯水或划油断生后入烹，成菜迅速，以保其清香脆嫩，如“花菜焖肉”“菜花炒肉”“金钩花菜”等。

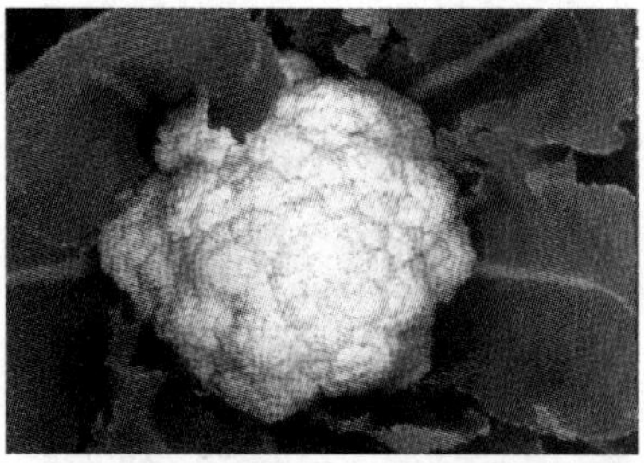

图 2.57　花椰菜

（3）茎椰菜。

【别　　名】木立甘蓝、洋芥蓝、绿菜花、青花菜、意大利花椰菜、西兰花等。

【产　　地】原产于意大利。

【外形及特点】茎椰菜介于甘蓝、花椰菜之间，主茎顶端形成绿色或紫色的肥大花球，表面小，花蕾明显，较松散而不密集成球，主要以采集花蕾的嫩茎供食用。品质柔嫩，纤维少、水分多，色泽鲜艳，味清香、脆甜，风味较花椰菜更鲜美。选择时以色泽深绿、质地脆嫩、花球半球形、花蕾未开、质地紧密、表面平整、无腐烂、无虫伤者为佳。

【烹调应用】中餐烹饪中，可烫后拌食，或炒，亦可用于配色、围边。西餐制作中，常将茎椰菜烫煮后作为色拉料，或配菜，亦可制汤，如“奶酪西兰花浓汤”“黄油煎西兰花”。

图 2.58　茎椰菜

五、果菜类蔬菜

果菜类蔬菜又分为豆类蔬菜、茄果类蔬菜和瓜类蔬菜。

1. 豆类蔬菜

豆类蔬菜是指以豆科植物的嫩豆荚或嫩豆粒供食用的蔬菜。豆类蔬菜富含蛋白质及较多的碳水化合物、脂肪、钙、磷和多种维生素，营养丰富，滋味鲜美。除鲜食外，其还可制作罐头和脱水蔬菜。豆类蔬菜在蔬菜的周年均衡供应中占有重要地位。

（1）青豆。

【别　　名】毛豆、枝豆等。

【产　　地】我国特产。

【外形及特点】青豆为大豆的嫩籽粒。嫩豆粒肾形，种皮绿色、绿黄、青绿、褐或茶色。

味道鲜美，营养丰富。

【烹调应用】烹饪中，青豆可炒、烧、煮、蒸、凉拌，并具有配色、配形及点缀装饰的作用；也可加工速冻品和罐制品。代表菜式有“蒜汁青豆”“双色豆茸”“青豆炒肉末”等。

图 2.59　青豆

（2）菜豆。

【别　　名】豆角、芸豆、四季豆、梅豆、敏豆等。

【产　　地】原产于美洲。

【外形及特点】菜豆品种较多，其荚果呈弓形、马刀形或圆柱形，大多呈绿色，亦有黄、紫色或具斑纹。选择时以色正、有光泽、无茸毛、肉质肥厚、鲜嫩饱满、种子不显露、无折断者为佳。

【烹调应用】由于豆荚的外皮层含皂苷和菜豆凝集素，所以食用菜豆可能引起食物中毒。但皂苷和菜豆凝集素受高热后可被破坏，故菜豆应采取长时间的烹制方法，如焖、煮、烧、煸等。代表菜式有“干煸四季豆”“油焖豆角”。

图 2.60　菜豆

（3）豇豆。

【别　　名】腰豆、长豆、浆豆、带豆等。

【产　　地】原产于非洲和亚洲中南部。

【外形及特点】其荚果为长圆条形，呈墨绿色、青绿色、浅青白色或紫红色。供食用的有三种，即豇豆、长豇豆和饭豇豆，主要以前两种供蔬食。其中，长豇豆又可分为菜豇豆和泡豇豆。菜豇豆色白粗壮，肉厚味甘，适于烧、焖、拌等；泡豇豆色绿细长，脆嫩清香，适于炝、拌、泡、干制等。选择时以豆荚鲜嫩、充实饱满、不卷曲、不显籽粒者为佳。

【烹调应用】烹饪中，豇豆荤素搭配皆宜，以酱烧、烧肉为主，也可拌食，炒食；还可以干制、腌制。代表菜式有“姜汁豇豆”“烂肉豇豆”“干豇豆烧肉”等。

图 2.61 豇豆

（4）扁豆。

【别　　名】鹊豆、蛾眉豆、沿篱豆、藤豆等。

【产　　地】原产于亚洲南部。

【外形及特点】其荚果微弯扁平，宽而短，倒卵状长椭圆形，呈淡绿、红或紫色，每荚有种子 3～5 粒，以嫩豆荚或豆粒供食。选择时以色正整齐、鲜嫩饱满，肥厚结实，无虫害，不带豆梗者为佳。

【烹调应用】烹饪中常炒、烧、焖、煮成菜，如“酱烧扁豆”“扁豆烧肉”“扁豆烧百页”等；可做馅，或腌渍和干制。因嫩豆荚含有毒蛋白、菜豆凝集素及可引发溶血症的皂素，所以扁豆需长时加热后方可食用。

图 2.62 扁豆

（5）荷兰豆。

【别　　名】甜荚豌豆、软荚豌豆等。

【产　　地】原产于英国。

【外形及特点】荷兰豆以嫩荚和豆粒供蔬食。嫩豆荚宽扁而薄，呈青绿色，质地脆嫩，味鲜甜，纤维少；当豆粒成熟后果皮即纤维化，失去食用价值。

【烹调应用】可生食，爽脆味甜，无豆腥味，为色拉佳料；亦可炒、煮、单独成菜或做配料、配菜。

图 2.63 荷兰豆

（6）刀豆。

【别 名】中国刀豆、大刀豆、皂荚豆等。其荚果形状似刀，故名。

【产 地】原产于东半球热带地区。

【外形及特点】其嫩豆荚大而宽厚，表面光滑，浅绿色，长约 25～30 厘米，质地较菜豆粗老，肉厚味美。品种有大刀豆、洋刀豆之分。

【烹调应用】烹饪中可炒、煮、焖，宜配荤料；或腌渍、糖渍、干制。成熟的籽粒供煮食或磨粉代粮。

图 2.64 刀豆

2．茄果类蔬菜

茄果类蔬菜又称浆果类蔬菜，指茄科植物中以浆果供食用的蔬菜，此类果实的中果皮或内果皮呈浆状，是食用的主要对象。茄果类蔬菜富含维生素、矿物质、碳水化合物、有机酸及少量蛋白质营养丰富，可供生吃、熟食、干制或加工制作罐头。

（1）辣椒。

【别 名】海椒、番椒、香椒、大椒、辣子等。

【产 地】原产于中南美洲热带地区。

【外形及特点】辣椒有许多变种和品种，其嫩果呈青色，成熟后呈红色或橙黄色。其果形多样，主要有圆形、圆锥形、长方形、长角形和灯笼形等。辣椒以嫩果供蔬食，老果调味。选择时以果实鲜艳、大小均匀、无病虫害、无腐烂、无机械损伤者为佳。根据辣味的有无，通常将蔬食的辣椒嫩果分为辣椒和甜椒两大类。甜椒是由原产于中南美洲的辣椒在北美演化而来的变种，果形较大，有红、绿、紫黄、橙黄、浅黄等色，果肉厚，味略甜，无辣味或略带辣味。甜椒按果型大小可分为大甜椒、大柿子椒和小圆椒三种。辣椒果形较小；嫩时为绿色，偶见红色、黄色，成熟后色泽红艳；果肉较薄，味辛辣。若与甜果供椒杂交，则辣味变弱。

【烹调应用】中餐烹饪中，辣椒的嫩果可酿、拌、泡、炒、煎或调味、制有机酱等，如“酿青椒”“虎皮青椒”“青椒肉丝”“青椒皮蛋”等。

图 2.65 辣椒

（2）番茄。

【别　　名】西红柿、红茄、洋柿子、爱情果等。

【产　　地】原产于南美洲。

【外形及特点】番茄品种繁多，大小差异较大，其浆果呈球形、扁球形、茄形、梨形或樱桃形，果色为红、粉红、黄、白等，果肉质地肥厚绵软，多汁，味甜酸。选择时以色正、大小均匀、形状端正、味纯、不破裂、不带梗萼、成熟适度者为佳。

【烹调应用】除生食代水果外，中餐烹饪中适于拌、炒、烩、酿、氽汤。番茄为西餐烹饪中极其重要的蔬菜之一，广泛用于色拉、汤、配菜的制作；可与畜禽肉、禽肉等动物性原料或其他蔬菜同烩共煮；调制多种番茄沙司；加工番茄酱罐等。代表菜式有“番茄乳酪沙拉”“番茄冷汤”“番茄夹蜗牛馅”“普罗旺斯烤番茄”。

图 2.66　番茄

（3）茄子。

【别　　名】茄瓜、落苏、矮瓜、昆仑瓜、酪苏等。

【产　　地】原产于印度。

【外形及特点】以其嫩果供食，品种较多。形状有圆形、扁球形、长条形或倒卵形；果皮色泽有黑紫、紫、紫红、白或绿白色；果肉均白色，为海绵状胎座组织。皮薄，肉厚，柔软，味清淡。选择时果实端正、色正、有光泽、鲜嫩、萼片新鲜者为佳。

【烹调应用】中餐烹饪中常用以红烧、油焖、蒸、烩、炸、拌，或腌渍、干制。茄子适于多种调味，并常配以大蒜烹制，如“鱼香茄子”“软炸茄饼”“红烧茄子”等。西餐烹饪中常采用煎、炒、烤、焗、烩、煮等烹调方式，单独成菜，或配以猪肉、牛肉、奶酪、番茄等，如“茄盒小牛肉饼”。

图 2.67　茄子

3．瓜类蔬菜

瓜类蔬菜又称瓠果类蔬菜，指葫芦科植物中以果实供食的菜。该类蔬菜大多起源于亚洲、非洲、南美洲的热带或亚热带区域，其果皮肥厚而肉质化，花托和果皮愈合，胎座呈肉质，并充满子房；富含糖类、蛋白质、脂肪、维生素与矿物质；可供生吃、熟食或加工、制作罐头，亦是食品雕刻的常用原料之一。

（1）冬瓜。

【别　　名】白瓜、枕瓜、冬瓜、白冬瓜等。

【产　　地】原产于我国南部和印度。

【外形及特点】老嫩果均可供食。瓠果呈圆、扁圆或长圆筒形；大小因种而异，小的 1～2 千克，大的可达 50 千克以上；果皮呈绿色，间有淡绿色花斑，多数成熟果实表面被有绒毛及白粉；果肉厚，白色，疏松多汁，味淡。冬瓜富含维生素 C，钾高钠低，有清热、利尿、消暑作用，尤适于肾病病人，并且为盛夏主要蔬菜之一。

【烹调应用】烹饪中可单独烹制或配荤素料，适于烧、烩、蒸、炖，常作为夏季的汤菜料。筵席上常选形优的进行雕刻后作酿制品种，如“冬瓜盅”；亦可制蜜饯，如“冬瓜糖”。

图 2.68　冬瓜

（2）丝瓜。

【别　　名】天罗、锦瓜、蛮瓜、布瓜、天络瓜等。

【产　　地】原产于印度尼西亚。

【外形及特点】以嫩果供食，丝瓜按瓠果上有棱与否，分为普通丝瓜和棱角丝瓜。普通丝瓜又称棒槌丝瓜、圆筒丝瓜、水瓜，瓠果呈短圆柱形或长圆柱形，表面粗糙，无棱，有纵向浅槽；肉厚，质柔软。棱角丝瓜又称粤丝瓜、胜瓜，瓠果为短或长圆柱形，有 8～10 条纵向的棱和沟正。选择时以皮色青绿有光泽、新鲜柔嫩、果肉组织不松弛、不带果柄者为佳。

【烹调应用】烹饪中适于炒、烧、扒、烩，或做菜肴配料，并最适宜做汤。

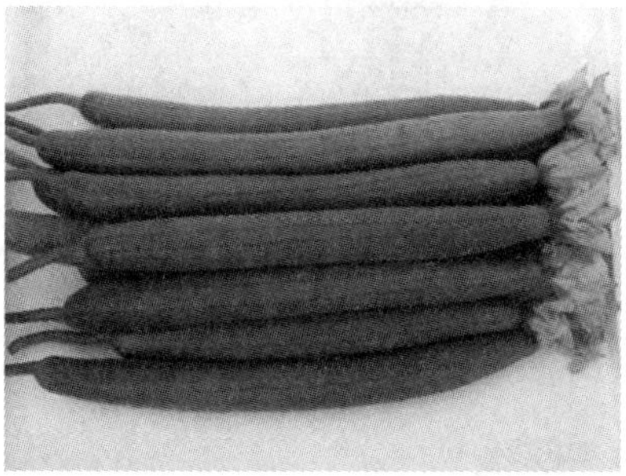

图 2.69　丝瓜

（3）南瓜。

【别　　名】中国南瓜、窝瓜、金冬瓜、番瓜、饭瓜等。

【产　　地】原产于中南美洲热带地区。

【外形及特点】老嫩果均可供食，瓠果呈长筒形、圆球形、扁球形、狭颈形等；果面多有纵沟或瘤状突起，老熟后披白粉；果皮幼嫩时为青绿色，成熟后为赤褐、黄褐并具蛇纹、网纹或波状斑纹；果柄有棱，瓜蒂膨大成五角形。选择时以果实结实、瓜形整齐组织致密、瓜肉肥厚、色正味纯、坚硬有蜡粉、不破裂者等为佳。

【烹调应用】嫩南瓜味清鲜、多汁，通常炒食或酿馅。老南瓜质沙味甜，适宜烧、焖、蒸或作主食、小吃、馅心，并且是雕刻大型作品如龙、凤、寿星等的常用原料。

图 2.70　南瓜

（4）黄瓜。

【别　　名】刺瓜、胡瓜、吊瓜、青瓜等。

【产　　地】原产于印度北部地区。

【外形及特点】瓠果呈圆筒形或棒形，幼嫩果呈墨绿色、绿色，老熟后则变黄。果实表面疏生短刺，并有明显的瘤状突起，也有的表面光滑。果肉脆嫩多汁，略甜，爽口而清香。黄瓜品种较多，按果形可分为刺黄瓜、鞭黄瓜、短黄瓜、小黄瓜；按季节分为春黄瓜、夏黄瓜、秋黄瓜。选择时以青绿鲜嫩、带白霜、顶花未脱落、带刺、无苦味者为佳。

【烹调应用】烹饪中生熟均可，拌、炒、焖、炝、酿或作菜肴配料、制汤，并常用于冷盘拼摆，围边装饰及雕刻，还常作为酸渍、酱渍、腌制菜品的原料。

图 2.71　黄瓜

（5）西葫芦。

【别　　名】美国南瓜、番瓜、搅瓜等。

【产　　地】原产于南美洲。

【外形及特点】以嫩果供食。果实多长圆筒形，果面平滑，皮色呈墨绿、黄白或绿白色，有纹状花纹；果皮表面无白粉；果肉厚而多汁，味清香。

【烹调应用】烹饪中可供炒、烧、烩、熘、凉拌，或作为荤素菜肴的配料，还可用于制汤、做馅。

图 2.72 西葫芦

（6）佛手瓜。

【别　　名】菜苦瓜、万年瓜、合掌瓜、拳头瓜等。

【产　　地】原产于墨西哥和中美洲。

【外形及特点】果实梨形，表面有 5 条纵沟，将果实分为大小不等的五瓣，表皮粗糙有小瘤，果皮呈绿色或白绿色。果肉绿色，纤维少，具清香味。

【烹调应用】适宜于炒、烧、煮等烹调方法，也可凉拌和生食，还可做汤菜，也可腌渍或酱制；此外，其嫩叶、块根亦可入烹，块根肥大如薯，除鲜食外，可提制淀粉。

图 2.73 佛手瓜

（7）苦瓜。

【别　　名】凉瓜、红姑娘、癞瓜等。

【产　　地】原产于印度及印度尼西亚。

【外形及特点】以嫩果供食。瓠果呈纺锤、圆锥或圆筒形，表面有纵向不规则大小的棱和瘤状突起。幼果表皮为绿、绿白或白色，果肉白或白色。成熟后果皮为橙黄色、橙红色，果肉为鲜红色。苦瓜按果形和表面特征分为长圆锥形和短圆锥形两类；按果实颜色分浓绿、绿和绿白等品种，其中绿色和浓绿色品种苦味较浓，主产于长江以南，淡绿色和绿白色品种苦味较淡，主产于长江以北。幼果味苦，肉质脆嫩清香，富含维生素 C。

【烹调应用】烹制时去瓜瓤后，可单独或配肉、辣椒等炒、烧、煸、焖、酿、拌等。代表菜式有“酿苦瓜”“干煸苦瓜”“苦瓜烧肉”“苦瓜炒蛋”等。若要减少苦味，可加盐略腌或在沸水中漂烫，但对维生素C的破坏较大。

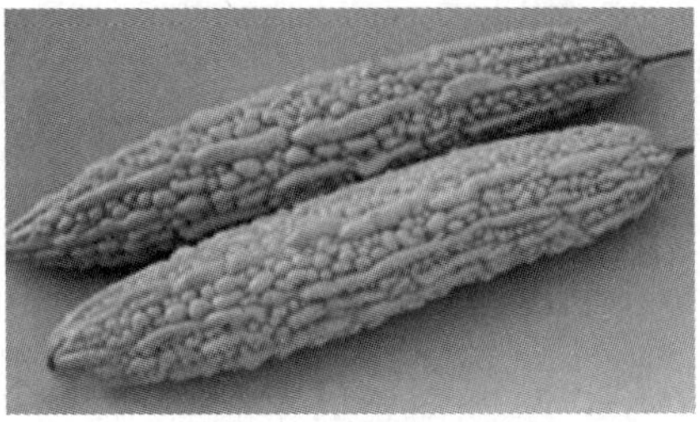

图 2.74　苦瓜

（8）瓠瓜。

【别　　名】葫芦、瓠子、夜开花、蒲瓜、大黄瓜等。

【产　　地】原产于非洲南部及印度。

【外形及特点】瓠瓜的果实呈长圆筒形或腰鼓形；皮色绿白，且幼嫩时密生白色绒毛，其后渐消失；果肉白色，厚实，松软。瓠瓜按果形分为四个变种，即瓠子、大葫芦瓜、长颈葫芦和细腰葫芦。

【烹调应用】烹饪上，瓠瓜可单独或配荤素料炒、烧、烩、瓤，且最宜做汤，代表菜式有"瓠子炖鸡""素炒瓠片"。但是，苦瓠含有大量的葫芦甙等有毒物质，食后易出现呕吐、腹泻痉挛等症状。

图 2.75　瓠瓜

六、藻类蔬菜

（一）藻类蔬菜的概念、分类、特点及运用

藻类植物是一类含有叶绿素和其他辅助色素、能进行光合作用的低等自养植物。植物体由单细胞、群体细胞或多细胞组成，无根、茎、叶的分化，构造简单。绝大多数藻类生活在淡水和海水中，少数生长在潮湿的岩石、土壤、树干上。藻类除部分海产种类体型较大外，一般都相当微小，不少种类需借显微镜才能看见。藻类植物中的部分种类可供食用，如海带、紫菜、发菜、海白菜等。

藻类中的营养成分主要为糖类，占 35%～60%，大多为具特殊黏性的多糖类，一般难以消化；其次为蛋白质，褐藻中含量为 6%～12%，紫菜中可达 39%，但营养价值不高。此外，藻类还富含胡萝卜素和一定量的 B 族维生素，以及钾、钠、钙、镁、铁等无机盐。海产藻类所含有的丰富的碘，是人体摄取碘的重要来源之一。

（二）藻类蔬菜的种类

（1）石花菜。

【别　　名】牛毛菜、冻菜、草珊瑚、琼枝等。

【产　　地】分布于我国黄海、渤海、东海沿海，日本及朝鲜亦产。

【外形及特点】藻体直立丛生，高 20 厘米左右；主枝圆柱形或扁压，两侧伸出羽状或不规划分枝，分枝上再生短侧枝。干品选择时以色乳白或乳黄、干燥、无砂石者为佳。石花菜富含琼脂，加热至 80 摄氏度开始溶解，冷却至 40 摄氏度成为透明凝胶。

【烹调应用】烹制时多用干品。食用前以冷水浸软后，用热水稍烫即可凉拌，口感脆嫩，注意凉拌时切不可长时加热。此外，亦可煮成溶胶后，加果肉、果汁等配料，冷却后成甜冻。石花菜还是工业上提取琼脂的主要原料。

图 2.76　石花菜

（2）江蓠。

【别　　名】龙须菜、海面线、竹筒菜、粉菜。

【产　　地】我国沿海均有分布。

【外形及特点】藻体呈分枝状线形圆柱体，紫褐色、绿色或黄绿色，随环境不同而异；新鲜藻体肥满多圆柱汁，干后呈软骨质。鲜食或制成干品。口感脆嫩鲜美。

【烹调应用】常作为发菜的替代品。可拌、炝、炒等；或用于制作胶冻食品；也是加工琼脂的主要原料。

图 2.77　江蓠

（3）海带。

【别　　名】江白菜，古称昆布。

【产　　地】分布于日本、朝鲜、我国北部及俄罗斯远东沿岸。

【外形及特点】藻体扁平呈带状，绿色至褐色，长 2～4 米，有的可达 7 米。基部有叉状分枝的固着器，其上为一圆柱状短柄。海带通常以干品或鲜品入馔。干制品表面常有白色粉末，为干制过程中析出的甘露醇；碘含量亦以表层为多，故食前不宜入水久浸，以免损失营养成分；且不易煮烂，宜干蒸半小时，再用五倍量的清水浸泡回软，即可恢复原有的爽脆感。选择时以色泽绿褐油润、肉质厚实、条长体宽、干燥、尖端和及边缘无白烂及黄化者为佳。

【烹调应用】烹饪中，海带可作主料或配料}，并具有配色、配形的作用。中餐中常采用炒、烧、拌、烩、氽汤、炖、煮等方式成菜。西餐中可用于开胃菜、色拉、配菜、汤品的制作。

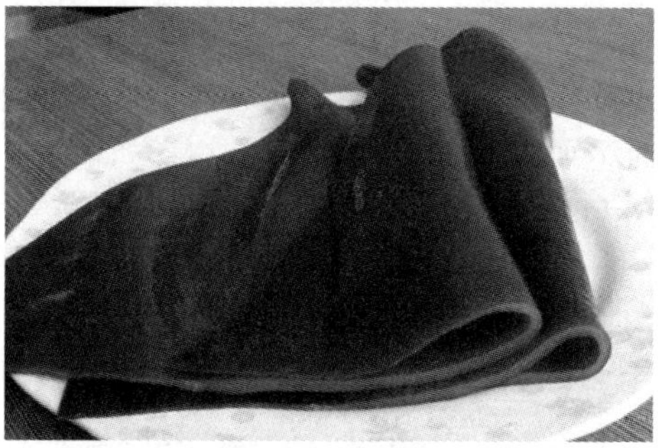

图 2.78　海带

（4）紫菜。

【别　　名】海苔。

【产　　地】广泛分布于世界各地海域。

【外形及特点】紫菜藻体呈膜状，紫褐、紫红、黄褐或褐绿色，圆形或长形；种类较多，如甘紫菜、条斑紫菜、坛紫菜等；有特殊海味的芳香，入口柔嫩易化。选择时以色泽鲜润、干燥、不带泥沙、无虫蛀者为佳。紫菜干鲜均可入烹，鲜紫菜经切割、清洗制饼和干燥后做成圆盘形、方形的商品紫菜出售。

【烹调应用】紫菜可做汤料、冷菜料、包卷料和配色料，如“紫菜虾皮汤”“海藻色拉”“日本寿司”“韩国饭团”等。此外，紫菜还可用于制馅，如“紫菜肉圆”；作为配菜或主菜与鸡蛋、肉类、香菇、豌豆尖、胡萝卜等搭配成菜等。在大不列颠群岛，人们则将紫菜置于面包上烤食。

图 2.79　紫菜

（5）葛仙米。

【别　　名】地皮菜、地耳、地软等。

【产　　地】我国各地均产，湖北恩施鹤峰县走马镇为世界上最大的葛仙米产区，以四川所产为最佳。

【外形及特点】相传晋朝有隐士葛洪，因缺粮，曾采之为食，因而得名。藻体为球形或不规则状群体的胶膜状物。鲜品呈蓝绿色，洗净晒干后呈亚圆球形，大的似黄豆，小的似赤豆，墨绿色。附生于砂石间或阴湿泥土上。味清淡，质滑嫩。干品选择时以色泽深绿、干燥、粒形完整、无泥沙杂质者为佳。

【烹调应用】烹饪中可制汤、甜羹或馅心，如“葛仙米烩海参”“醪糟烩葛仙米”“地软包子”。

图 2.80　葛仙米

七、菌类蔬菜

（一）菌类蔬菜的概念、分类、特点及运用

食用菌类又称“菇”“蕈”，指以肥大子实体供人类作为蔬菜食用的某些大型真菌。已知食用菌品种约有 2 000 多种，广泛被食用的约 30 余种。

各种菌菇的形状不尽相同，但均是由吸收营养的菌丝体和繁殖后代的子实体两部分组成的。子实体常为伞状，包括菌盖、菌柄两个基本组成部分，有些种类还有菌膜、菌环等。此外，还有耳状、头状、花状等形状的子实体。食用菌颜色繁多，质地多样，如胶质、革质、肉质、海绵质、软骨质、木栓质等。

食用菌的子实体中蛋白质含量约占干重的 20%～40%，且有一半处于非蛋白状态，如谷胱甘肽、氨基酸等，所以均具有特殊的鲜香风味，如鲜香似鸡的鸡枞、香味浓郁的香菇、清嫩可口的竹荪、鲍鱼风味的侧耳、水果清香的鸡油菌等。某些品种如香菇、猴头菇等因含特殊的多糖类物质，而具有增强免疫力、防癌抗癌的功效。此外，食用菌中各种维生素的含量亦较丰富。

在中餐烹饪中，食用菌可做菜肴、汤品的主料或配料；可做面点的面码、馅心用料；作为提鲜增香的用料；作为配色配型的用料；可加工为干制品、盐渍品、油浸品、灌制品等。

（二）菌类蔬菜的种类

（1）木耳。

【别　　名】黑木耳、木蛾、云耳。

【产　　地】我国东北、东南、西南各地均产。

【外形及特点】木耳子实体呈耳状或杯形，渐成叶状，胶质半透明，有弹性，平滑或有皱纹，密生单细胞短毛，初为红褐色，干燥后深褐色至近黑色。常见的品种有细木耳和粗木耳两类。细木耳的耳瓣薄，体质轻，质地细腻，入口鲜糯，成菜甜、咸均可；粗木耳即毛木耳，朵大而厚质粗体重，入口脆硬，品质较差，一般用于咸味菜肴。需注意的是：由于鲜木耳中含有一种光感化学物质，会引起日光性皮炎、皮疹、皮肤溃烂等症状，故应食用干木耳。

图 2.81　木耳

（2）银耳

【别　　名】白木耳、雪耳。

【产　　地】我国许多省份均产，以福建所产的"漳州银耳"最负盛名。

【外形及特点】子实体由许多瓣片组成，状似菊花或鸡冠，呈白色，胶质，半透明，多皱褶；干燥后呈黄或白色，质硬而脆。银耳煮后胶质浓厚，润滑可口。

【烹调应用】烹制中，银耳常与冰糖、枸杞等共煮后做滋补甜羹；也可采用拌、炒、熘等方法与鸡、鸭、虾仁等配制成佳肴。

图 2.82　银耳

（3）口蘑。

【别　　名】白蘑、虎皮香蕈。

【产　　地】为我国著名野生食用菌之一。

【外形及特点】品种较多，常分为白蘑、青蘑、黑蘑和杂蘑四大类，共 40 余种，以白蘑质量为佳。因旧时以张家口为集散地，而称为口蘑。子实体菌盖初呈半球形，后平展，边缘稍内卷，直径 6～12 厘米，初为白色，后变红褐色或淡黄色，干燥后表面呈脑面回纹状；菌肉白色，厚而致密，易破裂；菌柄粗壮，长 3.5 ~ 6 厘米，基部稍膨大。口蘑肉质厚实而细腻，香味浓郁，以味鲜美而著称。

图 2.83 口蘑

（4）猴头菌。

【别　　名】猴头菇、阴阳菇、刺猬菌等。

【产　　地】我国大多数省份均产，以东北大、小兴安岭所产最著名。日本、东南亚，欧洲、北美等亦有分布。

【外形及特点】子实体肉质，块状，直径 5 ~ 10 厘米，基部狭窄，呈白色，干燥后呈淡褐色；除基部外，均密生肉质针状的刺，整体形似猴头。猴头菌肉质柔软，嫩滑鲜美，微带酸味，柄蒂部略带苦味。猴头菌营养丰富，特有的猴头菇多糖对胃、肠道疾病有很好的疗效，并有防癌抗癌的作用。

【烹调应用】干品在食用前须浸水一昼夜涨发，煮后切片，炒食或烧汤。

图 2.84 猴头菌

（5）竹荪。

【别　　名】僧笠蕈、长裙竹荪。

【产　　地】多见于我国四川、云南、广西、海南等地夏秋季的竹林和树林中。

【外形及特点】竹荪为名贵的野生食用菌类，现已有人工栽培品种。子实体幼时呈卵球形，直径 3.5 ~ 4 厘米，白色至淡紫褐色，称为“竹荪蛋”；成熟时包被开裂，伸出笔状菌体，高 12 ~ 26 厘米；顶部有于具显著网格的钟状菌盖，菌盖上有微臭、暗绿色的产孢体；菌盖下有白色网状菌幕，下垂如裙，长 10 ~ 20 厘米，网眼多角形，菌柄呈白色，中空，基部粗，向上渐细。依菌裙长短，竹荪可分为长裙竹荪和短裙竹荪两种。竹荪肉质细腻，胞嫩爽口，味鲜美，食用时需切去有臭味的菌盖和菌托部分。

图 2.85　竹荪

（6）鸡枞。

【别　　名】鸡松菌、伞把菇、鸡肉菇、白蚁菇、夏至菌等。

【产　　地】主产于四川、贵州、云南以及江苏、福建、广东、广西等地。

【外形及特点】鸡枞是西南地区的著名食用菌之一，雨季发生在田野中的白蚁窝上。其子实体的地上部分高 20 厘米以上，刚出土时，菌盖呈圆锥形，伸展后中央有显著凸起，直径 3～20 厘米，湿时有黏性，表面平滑，微黄色，常呈辐射状开裂，菌肉厚，菌褶细密，白色，老熟后呈微黄色；菌柄肉质，白色至灰白色，表面平滑，常扭曲。鸡枞有黑皮、白皮、黄皮和花皮等类型。鸡枞质地细嫩，气味纯香，味如鸡肉，极鲜美，除鲜食外，常制成盐鸡枞或油鸡枞，前者晒成半干后，加盐搓匀于缸中腌制数日，取出穿串晾干而成；后者晒成半干后，加盐及干辣椒，注入沸油浸渍数日后再供食用。

图 2.86　鸡枞

第三节　蔬菜类原料的品质鉴别及储藏

一、蔬菜的品质鉴别

烹饪原料的品质鉴别方法主要有理化鉴定和感官鉴定。但对鲜嫩的蔬菜的品质鉴定主要是依靠感官鉴定的方法。

（一）根菜类蔬菜

根菜类蔬菜的品质鉴别：以大小均匀整、肉厚质细、脆嫩多汁、无损伤及病虫害、无黑心、无发芽、无泥土者为佳。

（二）茎菜类蔬菜

茎菜类蔬菜的品质鉴别：以大小均匀整齐、皮薄而光滑、皮面无锈斑、质嫩、肉质细密、无烂根、无泥土者为佳。

（三）叶菜类蔬菜

叶菜类蔬菜的品质鉴别：以鲜嫩清洁，叶片形状端正肥厚（或叶球坚实），无烂叶黄叶、老梗、大小均匀、无损伤及病虫害、无烂根及无泥土者为佳。

（四）花菜类蔬菜

花菜类蔬菜的品质鉴别：以花球及茎色泽新鲜清洁、坚实、肉厚、质细嫩、无损伤及病虫害、无腐烂、无泥土者为佳。

（五）果菜类蔬菜

果菜类蔬菜的品质鉴别：以大小均匀整齐、果形周正、成熟度适宜、皮薄肉厚、质细脆嫩多汁、无损伤及病虫害、无腐烂者为佳。

（六）菌藻类蔬菜

菌藻类蔬菜的品质鉴别：以形状整齐、色正新鲜、无杂质、无腐烂、无霉变、无异味者为佳。

二、蔬菜的储藏

（一）蔬菜储藏的原理

蔬菜采收后，仍然是有生命的有机体。在蔬菜储藏过程中，一方面，由于一系列的生理生化变化而引起生理、风味、质地和营养价值的改变和降低；另一方面，由于微生物的侵袭而发生变质腐烂。因此，客观要求蔬菜的储存方法必须具备两方的作用：一是降低蔬菜自身的生理活动能力；二是减少微生物的侵袭。通常是用控制温度、湿度和气流量的方法，来达到储藏蔬菜的目的。

（二）蔬菜储藏的方法

（1）冰藏。

冰藏，是利用冰块使温度处于 0 摄氏度，并保持一定湿度的储藏方法。冰藏法是我国特有的一种蔬菜贮存传统方法，主要用于储藏茄子、豆类、瓜类、花椰菜、莴苣等。

（2）速冻储藏。

速冻储藏，是将新鲜蔬菜清洁整理、高温烫漂后，进行快速冻结的保藏方法。此法适合于多种蔬菜。

（3）堆藏和埋藏。

堆藏和埋藏，是最简易、最普通的储藏方法。适于堆藏的蔬菜主要有洋葱、马铃薯、大白菜、大蒜等，适于埋藏的蔬菜主要是萝卜、胡萝卜等根菜类蔬菜。

（4）窖藏。

窖藏，是指利用棚窖、窑窖等对蔬菜进行储藏。一般适用于根菜类蔬菜及大白菜等。

（5）假植储藏。

假植储藏是在蔬菜成熟后，连根收刨，密集假植于阴畦、沟、窖中的一种贮存方法，主要适用于各种绿叶蔬菜及幼嫩蔬菜，如芹菜、油菜、花椰菜、莴苣等。制品吸水变潮后会被微生物污染，干菜制品应在干燥的环境中保管。腌、酱、泡菜通常应密封包装，在低温下进行保存。

练习题

一、填空题

1. 蔬菜是指可以用来制作菜肴或____________，包括少数____________。

2. 蔬菜类原料的分类方法有：____________，____________，____________。

3. 芽苗类蔬菜有____________、____________、____________。

二、判断题

1. 蔬菜类原料的化学成分只含水、维生素、无机盐、碳水化合物。（　　）

2. 荷兰芹与中国的香菜是一样的。（　　）

3. 黄瓜与青瓜的区别是表皮的颜色不同部位有绿、红或黄。（　　）

三、简答题

1. 简述蔬菜的概念及营养成分。

2. 蔬菜按食用部位可以分为哪几类？

3. 蔬菜制品按加工方法可分为哪几类？

4. 怎样进行蔬菜的品质检验和储藏？

第三章

果品类原料

学习目标

1. 了解果品类原料的概念，以及它的名称、产地、产季、上市季节、品质要求。
2. 理解果品类原料品种的性质特点，以及果品组织结构、化学成分。
3. 掌握果品类原料的分类及烹饪应用、品质鉴别和保管方法。

导 入

我国幅员辽阔，地形多样，果品资源十分丰富，品种多，产量大。果品也是人们生活中重要的食物来源，它们的气味芳香独特，色泽艳丽，尤其是含有糖类、有机酸、维生素、纤维素、矿物质等营养素，是人体生长发育和维持生命的重要营养来源。

还有，果品类原料在烹饪中的应用不可忽视，无论是家宴，还是高档宴席都离不开果品类原料，其在中餐、中点、西餐、西点中应用都比较广泛。

第一节 果品类原料的基础知识

一、果品类原料的概念

果品类原料是人工栽培的木本和草本植物的果实及其加工制品等一类烹饪原料的总称。果品所含营养丰富，不仅是人们重要副食品之一，更是重要的烹饪原料之一。

二、果品类原料的分类及组织结构

我国地域辽阔，地势复杂，温、热、寒三带气候俱全，因此果树资源丰富，果品类原料繁多，按照果实结构特点分为七大类：

（1）仁果类。

仁果类的果实由果皮、果肉和子房构成，内生长有种仁，故称仁果。这类果实里面含有种子，籽粒较多，食用部分为中果皮，主要有苹果、梨、山楂等。

（2）核果类。

核果类的果实由外果皮、中果皮、内果皮和种子构成。果实是由子房发育而成的，外果皮较薄，中果皮肥厚，为食用部分，内果皮硬化形成木质硬壳，内包种子，故称核果。主要品种有杏、李、桃等。

（3）浆果类。

浆果类的果实形状较小，果实是由一个或多个心皮的子房发育而成的。果肉成熟后因柔软多汁，故称浆果。如葡萄、龙眼、猕猴桃、荔枝等。

（4）坚果类。

坚果类的果实是以种仁（子叶）供食用，果实是由子房发育而成的，果实特征为外包木质或革质硬壳，成熟时干燥而不开裂，故又称壳果。品种有核桃、松子、栗子等。

（5）柑橘类。

柑橘类的果实又称柑果或橙果，由外果皮、中果皮、内果皮、种子构成。内果皮的内侧生长许多肉质化的囊状物，称为沙囊，富含浆液，是主要食用部分。主要品种有柑橘、柠檬、柚子等。

（6）复果类。

复果类的果实由整个花序组成，肉质的花序轴及苞片、花托、子房等可供食用。主要品种有菠萝、草莓等。

（7）瓜果类。

瓜果类又称瓠果。这类果实由整个花托、外果皮、中果皮、内果皮、胎座、种子构成。甜瓜可食部分为中果皮和内果皮。西瓜可食部分还包括胎座。主要品种有西瓜、甜瓜、白兰瓜等。

三、果品类原料的主要营养成分

（1）水分。

一般水果中含水量在 70%～80%，但是，这个含水量的多少跟相应品种直接关系，例如西瓜和草莓等含水量达到 90%。

（2）糖类。

果品中都含有糖类，含量一般在 10%～15%之间，但像葡萄、大枣等果品原料的含糖量可达到 20%以上，当然，果实的成熟度跟含糖量是成正比的。主要含有的糖类是葡萄糖、蔗糖和果糖，如核果类的桃、李、杏含的蔗糖较多；浆果类中的葡萄含葡萄糖和果糖较多；仁果类中的苹果、梨等含果糖较多。

（3）有机酸。

有机酸是果实中酸味的主要来源，也是影响果实风味的一个重要的成分。果品类原料所含的有机酸主要有苹果酸、柠檬酸、酒石酸三种，统称酒酸。果实中的有机酸的含量在果实中成熟过程中是随果实的生长而增长的，接近成熟时逐渐减少。

（4）淀粉。

果实的成熟度跟其中所含淀粉量成反比，越成熟，淀粉含量越少。因为在果实成熟过程中，淀粉逐渐降解为单糖。

（5）纤维素。

果品中的纤维素的含量多少跟口感称反比。口感越好，纤维越少；口感越差，纤维越多。

（6）维生素。

果品中含有的维生素主要有维生素 C、胡萝卜素、维生素 P（也称柠檬酸）。

（7）色素。

水果的颜色是由多种色素构成，主要含有水溶性的花青素、花黄素，沸水溶性的叶绿素和类胡萝卜素。

果品中还含有：果胶物质、糖苷、含氮物质、单宁物质、芳香油、无机盐、酶等等。食用营养价值高，在烹饪使用中占据一定比例。

四、果品类原料的烹饪运用

果品类原料的种类繁多，用途广泛，无论是在高档宴席，还是在一般家宴中都是不可缺少的部分。它的烹饪运用主要表现以下几点：

（1）可作为主料制作出香甜可口的菜肴。

果品类原料作为主料出现在菜肴中，主要以拔丝和蜜汁等烹调方法来制作菜肴。如“拔丝苹果”“拔丝香蕉”“蜜汁红枣”“蜜汁山药”等。果品类制作出的菜肴大多以甜味出现，但是也有咸味出现的菜肴，如杭州名菜“蟹酿橙”等。

（2）可作为辅料增加其风味特色。

果品类原料以辅料的形式出现菜肴中是非常普遍的，既可以与动物性原料搭配，也可以与植物性原料搭配。果品类原料以辅料的形式出现不仅丰富菜肴，更增加了菜肴的营养价值和食用兴趣，如“栗子鸡”“炒鲜桃仁丝瓜”“白果鸡”等。

（3）可作为菜肴的装饰物起着美化菜肴的作用。

果品类原料以盘饰的形式来增进菜肴的美观是比较普遍的，主要是在一般冷盘和花色冷盘中及热菜造型菜肴中应用得比较多。果品可以直接用于菜肴造型，如樱桃、圣女果，也可以用于雕刻，如“西瓜盅”“冬瓜盅”等。

（4）可用作面点改善风味，增进食欲。

果品类原料在面点的制作中也有运用，虽然干果占有很大比例，但鲜果也开始被人们拿来制作面点，如“菠萝包”“水果面”等。

（5）可作为面点的装饰物美化外观，增加感官色彩美的享受。

人们的饮食观念有了空前的提高，对新鲜食材的需求越来越强烈，在面点制作的时候用果品装饰点缀是常有的事。

第二节　常见的果品类原料

一、常用的鲜果

（一）苹果

【别　　名】柰、频婆、平波、超凡子等。

【形态与特点】苹果是世界“四大水果“之一；果实呈圆形、扁圆形、长圆形、椭圆形等形状；顶部与基部皆凹陷，果皮呈青、黄或红色；质地脆嫩，甜酸可口。苹果含有多糖、苹果酸、柠檬酸、酒石酸、鞣酸、单宁、钾等成分。

【产地、产季】苹果在世界各地均有栽培，但主要产区为辽东半岛和山东半岛。因品种及产地不同，可自夏季至秋末陆续采收。

【品　　种】主要有辽伏、祝光、红星、富士系、国光系、元帅系、甜香蕉等品种。

【烹调应用】苹果除鲜食外，主要适用于拔丝、晾等烹调方法，如“拔丝苹果”“酿苹果”等。

【品质鉴别】以个大、无疤痕、质脆、味甜而清香者为佳品。

【营　　养】苹果还有丰富的水溶性食物纤维果胶。果胶有保护肠壁、活化肠内有用的细菌和调整胃肠功能的作用，还有吸收水分、清除便秘、稳定血糖、美肤、吸附胆汁和胆固醇的作用，能够有效地防止高血脂、高血压、高血糖，可以清理肠道、，预防大肠癌。苹果汁有很强大的杀灭传染性病毒的作用，吃较多苹果的人远比不吃或少吃苹果的人患感冒的概率要低。所以，有的科学家和医生把苹果称为“全方位的健康水果”，或称其为“全科医生”。现在很多城市空气污染比较严重，多吃苹果可改善呼吸系统和肺功能，保护肺部免受污染和烟尘的影响。中医认为苹果性平，有补心润肺、生津解毒、益气和胃、醒酒平肝的功效。

图 3.1　苹果

（二）梨

【别　　名】快果、果宗、玉乳、蜜父等。

【形态与特点】梨的品种繁多，白梨果实呈倒卵状或卵圆状，果柄长，皮色黄，果点细密，含石细胞少，果肉脆，细腻无渣，味香甜，水分多，果实大，品种有鸭梨、香梨等。沙梨的果实呈圆形，果柄较长，果皮多为淡褐色、蛋黄和褐色，含石细胞较多，果肉脆嫩多汁，味甜稍淡，品种有雪梨、三花梨、殇山梨等。秋子梨的果实呈球形或扁球形。果皮呈黄色或黄绿色，果柄短粗，果肉石细胞多，肉质硬，味酸涩，品种有香水梨、南果梨等。西洋梨又称洋梨，原产欧洲，19 世纪传入我国，形状歪斜，有后熟作用，最初果肉生硬，经存放后，果肉柔嫩多汁，香气很浓，品种有巴梨、茄梨等。

【产地、产季】南北各省都有栽培。主产于辽宁，山东，河北等省。夏秋间均有出产。

【品　　种】主要有白梨、沙梨、秋子梨、西洋梨等。

【烹调应用】梨除鲜食外，主要适用于酿、蜜汁、甜羹等烹调方法

【品质鉴别】以个大、皮光洁、无虫伤、脆甜而香者为佳品。

【营　　养】吃梨时舌头会有粗糙的感觉，这是因为梨的果肉由木质及纤维等石细胞汇集而成，可刺激肠管，清除便秘。医界认为，梨是百果之宗，在果品中地位重要，适宜性比苹果还要广泛，不爱吃梨的人很少。梨有润肺、化痰、止咳、退热、降火、清心、解疮毒和酒毒的功效，常食可补充人体的营养。梨特别适宜于肝炎、肺结核、大便秘结、急慢性气管炎、上呼吸道感染、高血压、心脏病以及食道癌患者食用。

图 3.2　梨

（三）桃

【别　　名】桃子、桃实等。

【形态与特点】桃是一种夏季水果；形状多为尖圆形，也有扁圆形，表面有茸毛，底部凹陷，果肉厚，颜色有白色、黄色或红黄色；甘甜多汁，有的桃果肉与果核粘连，有的不粘连。

【产地、产季】桃原产于我国，全国各地均有栽培，主产于华北、华东、西北等地，每年

从 6 月份到 10 月份均有出产。

【品　　种】主要北方品种有天津水蜜桃、山东肥城桃，南方品种有上海水蜜桃、奉化玉露桃等。油桃品种有黄李光桃、甜仁李光桃等，肉桃品种有云南呈贡黄金离核桃、陕西武功黄肉桃等。

【烹调应用】桃除鲜食外，主要适用于制作“桃羹”“桃浦”“桃冻”等。桃常被作为福寿吉祥的象征用于寿宴。

【品质鉴别】以个大、无虫蛀、色白或略带红色、肉质柔软多汁、味甜者为佳品。

【营　　养】桃是一种营养价值很高的水果，含有蛋白质、脂肪、糖、钙、磷、铁和维生素 B、维生素 C 等成分。桃中含铁量较高，在水果中几乎占据首位，故吃桃能防治贫血。桃富含果胶，经常食用可预防便秘。桃含钾多，含钠少，适合水肿病人食用。桃有补益气血、养阴生津的作用，可用于大病之后，气血亏虚、面黄肌瘦、心悸气短者。中医认为，桃味甘酸，性微温，具有补气养血、养阴生津、止咳杀虫等功效。

图 3.3　桃

（四）柑橘类

柑橘类是芸香科的一大类果实的总称，包括橘、柑、橙、柚、柠檬和金柑等。其共同特点是果实呈扁圆或圆形，果皮呈黄色，鲜橙色或红色。柑橘类水果可谓全身是宝，其果肉、皮、核、络均可入药，有通络、化痰、理气、消治、治疗疝气和腰痛，以及舒肿、健脑等功效。

1．橘

【别　　名】橘子、蜜橘、黄橘等。

【形态与特点】果实小而扁，顶部平或微凹，果皮呈红黄或青黄之色，皮薄宽松，易剥离，橘络较少，味酸甜不一，核较多，果心不充实，种子尖细，仁绿色。

【产　　地】主要产区为江西、四川、浙江等地。

【品　　种】主要有温州蜜橘、黄岩蜜橘、四川红橘等。

【烹调应用】橘除鲜食外，主要适用于拔丝或甜羹等烹调方法，如“拔丝橘子”或“橘子果羹”等。

【品质鉴别】以个大、味甜、色艳、无籽或籽少者为佳。

图 3.4　橘

2．柑

【形态与特点】果实大而近似球形，果皮较粗厚，果皮同果肉的附着力较大，较难剥离，果实丰满，汁多核少，甜酸适口。

【产地、产季】主要产于广东、温州、四川、漳州等地。10 月下旬出产。

【品　　种】漳州八卦户、广东蕉柑浙江瓦柑等。

【烹调应用】主要是鲜食。

【品质鉴别】以个大、色艳、味甜者为佳。

图 3.5　柑

3．橙

【别　　名】甜橙、广柑、黄果、金橙等。

【形态与特点】果实呈球形或长球形，果皮呈黄色或橙黄色，皮厚而光滑，很难剥离，果实汁液多，味酸甜可口，气味香。

【产地、产季】主产于四川、湖南、广东、湖北等地。11 月出产。

【品　　种】著名的有四川宜宾夏橙、广东湛江红蜜橙、湖北兴山夏橙等。

【烹调应用】橙除主要鲜食外，宴席上适于单独或与其他鲜果搭配做各种甜羹，如“广柑羹”“八宝果羹”。

【品质鉴别】以个大、丰满、无疤痕、无伤损、带浓郁的香味者为佳。

图 3.6　橙

4．柚

【别　　名】文旦。

【形态与特点】果实大，呈球形、扁球形或倒卵形，成熟时呈淡黄色或橙色，果皮厚，有大油腺，皮难剥离，果肉成白色，核大而多，汁多味浓，甜酸可口。

【产地、产季】主产于福建、广西、广东、浙江、四川等地。秋末出产。

【品　　种】主要有福建文旦柚、广东金兰柚、四川沙田柚等。

【烹调应用】柚除鲜食外，通常做“柚子冻”。

【品质鉴别】以个大、肉色黄净、肉嫩多汁、甘甜者为佳。

图 3.7　柚

5．柠檬

果实呈椭圆形或圆形，顶端有露头状突起，果皮黄色，表面粗糙，皮厚而香，果汁极酸，著名品种有尤利格、里斯本等。

图 3.8　柠檬

6．金柑

金柑亦称金橘，果实大似鸽蛋，果味甜或酸，除供鲜食外，多制成金橘饼。

图 3.9　金柑

（四）香蕉

【别　　名】蕉子、焦果。

【形态与特点】果实呈长柱形，生长在植物顶部圆锥状花轴上，整轴果实呈串状，一般到 6 ~ 8 成熟时采收，这时果皮呈绿色，果肉生硬，味涩不宜食用。香蕉成熟后皮呈黄色，果皮易剥离，果肉呈白黄色，软嫩滑爽，滋味甜美。

【产地、产季】主要产于云南、台湾、广东、广西等地区，四季均产。

【种　　类】主要有粉焦和甘焦两大类。

【烹调应用】香蕉除鲜食外，主要适用于拔丝、冻、蜜汁等烹调方法，如“拔丝香蕉”“香蕉冻”“溜蜜汁香蕉”等。

【品质鉴别】以皮黄而洁净、无疤痕者为佳。

【营　　养】香蕉味甘，性寒，生津止渴，润肺滑肠。温热病、口烦渴、大便秘结、痔疮出血患者适宜常吃。香蕉的糖分、蛋白质含量均高，维生素、矿物质也很丰富，热量也在水果中居高，且富含钾。有明显水肿和需要禁盐的病人不宜多吃。

图 3.10　香蕉

（五）葡萄

【别　　名】草龙珠、山葫芦、蒲桃、蒲萄。

【形态与特点】葡萄被称为水果之王，其果实呈椭圆形或圆形，果皮呈黑色、红色、紫色或绿色。葡萄皮薄多汁，甜酸适口。

【产地、产季】我国葡萄栽培遍布全国，以新疆、山东、辽宁、河北、山西、甘肃等地为主产区。一般秋季出产。

【种　　类】主要品种有北京的紫玫瑰香葡萄、大连的巨峰葡萄、辽宁的龙眼葡萄、新疆的无核白葡萄。

【烹调应用】葡萄除鲜食外，主要适用于拔丝等烹调技法，如“拔丝葡萄”；另外葡萄还可以酿酒、制果酱等。

【品质鉴别】以果实新鲜、穗丰粒均、无病斑、成熟适度、不破不裂者为佳。

【营　　养】葡萄性平，味甘、酸，入肺、脾、补气血，强筋骨，通经络，通淋消肿，利小便，滋肾益肝。医疗上葡萄能起到补肾、壮腰、滋神益血、降压、开胃的作用，尤其在预防和治疗神经衰弱、胃疼腹胀、心血管疾病等方面有显著的疗效。

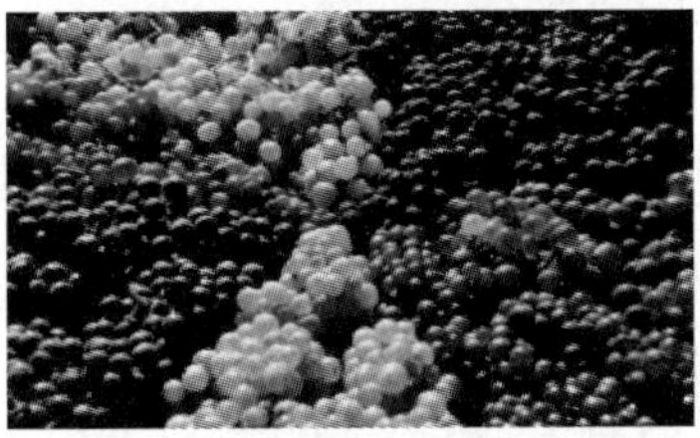

图 3.11　葡萄

（六）荔枝

【别　　名】丹荔。

【形态与特点】果实呈心脏形或圆形，果肉具有多数鳞斑状凸起，果皮未成熟时呈青色，成熟时呈深红色、紫红色或青绿色，果肉（俗称假果皮）呈透明凝脂状，多汁，味甘美芳香。

【产地、产季】荔枝为我国南方特产果品。栽培最多的是广东、福建，其次是广西、四川、台湾。一般 3 ~ 7 月成熟。

【品　　种】主要有 3 月荔枝、黑叶荔枝、糯米枝、桂枝等。

【烹调应用】荔枝除鲜食外，一般用鲜荔枝肉制甜冻或甜汤类菜肴。

【品质鉴别】以大小均匀、核小、色泽鲜艳、肉厚汁多、质嫩味甜、香气浓郁者为佳。

【营　　养】荔枝果肉味甘、酸，性温。核味甜、微苦，性温。荔枝果实具有益气补血、理气、散结、止痛之功效。荔枝所含的天然葡萄糖特别多，如糯米滋、桂味之类上好品种葡萄糖含量高达66%以上。天然所含葡萄糖对补血健肺有特殊功效，对血液循环、产温机能有特殊的促进作用。所以，荔枝可当作食疗品以滋补身体，对于心脏衰弱、肺弱之人，吃荔枝有壮心健肺的功效。荔枝属湿热之品，民间有“一颗荔枝三把火”之说。因此，如果正在长青春痘、生疮、伤风感冒或有急性炎症时，就不适合吃荔枝，否则会加重病症。

图3.12　荔枝

（七）菠萝

【别　　名】凤梨、黄梨、草菠萝、地菠萝。

【形态与特点】果实呈球果状，是一个多汁的聚花果，顶端花冠有退化旋叠状的叶丛，外皮厚，有鳞片芽苞，果实中心有一层厚果质中轴，果肉为淡黄色，松软，多汁，甘甜鲜美，微酸，有特殊的芳香气味。

【产地、产季】菠萝原产巴西，我国主要产于广东、广西、福建、台湾。9～10月上市。

【品　　种】我国主要有巴厘种菠萝、无刺卡因菠萝和神湾菠萝等。

【烹调应用】菠萝一般用于制作甜菜或甜羹，在西餐中应较广泛，如“凤梨米布丁”等。菠萝还可以与肉同煮，如“凤梨炖鸡”等。

【品质鉴别】以色泽鲜艳并转黄、硬度稍强、香味淡者为佳。

【注意事项】有人鲜食菠萝后会发生过敏反应，原因是菠萝中含有“菠萝朊酶”这种物质。预防的方法是先将菠萝用盐水泡一会儿，待盐水把菠萝朊酶的毒性破坏后再食用。

【营　　养】菠萝中所含的糖、盐类和酶有利尿的作用，适当食用对肾炎、高血压病患者有益。中医认为，菠萝性平味甘，具有健胃消食、补脾止泻、清胃解渴等功效。菠萝中含有的菠萝朊酶能分解蛋白质，在食肉类或油腻食物后，吃些菠萝对身体有好处。菠萝朊酶还有溶解阻塞于组织中的纤维蛋白和血凝块的作用，能改善局部血液循环，消除炎症和水肿。

图3.13　菠萝

（八）山楂

【别　　名】红果、山里红。

【形态与特点】果实近似于球形，个大，红色，有淡褐色的斑，果味酸，稍甜，肉厚水少，肉质较硬。

【产地、产季】我国栽培山楂有悠久的历史，主产于辽宁、河北、河南、山东、山西、江西等省。一般是在10月中旬采收。

【品　　种】主要有大金星、艳阳红、白瓤棉球等品种。

【烹调应用】山楂除鲜食外，可用于拔丝制作甜菜，如“拔丝山楂”，也可用制作果酱、山楂片等。

【品质鉴别】以个大、肉厚、色泽鲜艳、无虫蛀者为佳。

【营　　养】山楂能防治心血管疾病，具有扩张心管、增加冠脉血流量、改善心脏活力、兴奋中枢神经系统、降低血压和胆固醇、软化血管及利尿和镇静等作用。山楂中的山楂酸还有强心作用，对老年性心脏病有益处。山楂能开胃消食，特别对消肉食积滞作用更好。

图3.14　山楂

（九）草莓

【别　　名】洋莓果、月季莓。

【形态与特点】草莓浆果的形状有圆锥形、鸭嘴形、扁圆形、荷包形等，色深红，肉顿白，柔软多汁，味芳香。

【产地、产季】草莓原产于欧洲，我国大多数地区均有栽培，一般在5～6月即可上市。

【烹调应用】草莓除鲜外，还可以和奶油、甜奶一起制成“奶油草莓”，也可加糖制成草莓酱。

【品质鉴别】以个大、色红、无挤破者为最佳。

【营　　养】草莓营养丰富，含有果糖、蔗糖、柠檬酸、苹果酸、水杨酸、氨基酸以及钙、磷、铁等矿物质。此外，它还含有多种维生素，尤其是维生素C含量非常高，草莓中所含胡萝卜素是合成维生素A的重要物质，具有明目养肝的作用。草莓还含有果胶和丰富的膳食纤维，可以帮助消化，通畅大便，草莓的营养成分容易被人体消化、吸收，多吃也不会受凉或上火，是老少皆宜的健康食品。

图 3.15　草莓

（十）樱桃

【别　　名】含桃、荆桃、英桃、樱珠等。

【形态与特点】果实小，球形，果饼长，皮薄光亮，鲜红色。肉质细嫩，多汁，甜酸适口。

【产地、产季】主要产区有山东、江苏、河南、浙江、安徽、辽宁、甘肃等省。初夏成熟采摘。

【品　　种】樱桃可分为中国樱桃、甜樱桃、酸樱桃和毛樱桃，著名的品种有大鹰紫革桃、短饼樱桃、泰山樱桃等。

【品质鉴别】以色鲜红、果肉丰满、味甜而香者为佳。

【营　　养】樱桃补中益气，祛风胜湿，主治体虚气弱、气短心季、倦怠食少、咽干口渴、风湿腰腿疼痛、四肢不仁、关节屈伸不利、冻疮等病症。樱桃性温热，热病及虚热咳嗽者季食；有溃疡症状者，上火者，慎食；糖尿病者忌食，樱桃含钾量高，肾病患者忌食。

图 3.16　樱桃

（十一）杏

【形态与特点】核果呈圆、长圆或扁圆形，果皮呈金黄色，果肉橙红，肉质多软，味甜芳香。仁用杏果肉较薄，核大，出仁大。

【产地、产季】我国杏主要产于山西、辽宁、河北、甘肃等省，3～7 月果实成熟。

【品　　种】主要有甘肃兰州的大接杏、陕西华县的接杏、山东青岛的将军杏、河北大名的大甜杏。

【烹调应用】杏除鲜食外，可做羹汤。杏脯可做点心辅料。

【品质鉴别】以个大、色泽鲜艳、味甜多汁、核小、富有香味、无斑疤虫眼、果皮完整者为佳。

【营　　养】杏的营养价值很高，钙、磷、铁、蛋白质的含量在水果中都是较高的，并含有较多的抗癌物质，经常适量吃杏、杏干，或杏仁，对防癌保健十分有益。

图 3.17　杏

（十二）西瓜

【别　　名】水瓜、原瓜、寒瓜。

【形态与特点】果形有圆形或椭圆形，果皮呈浓绿色，绿白，或绿夹蛇纹，瓤呈深红色、浅红色、黄色、白色等。纤维少，浆液多，味甜，营养价值高。

【产地、产季】全国各地均有栽培，主要产于山东、河南、河北、浙江等地。一般在 7 ~ 8 月份成熟。

【品　　种】主要有山东德州的喇嘛瓜、开封的大花棱瓜、漳州西瓜、新疆西瓜等。

【烹调应用】西瓜主要鲜食其瓤，也可用瓜瓤制作西瓜酪、西瓜冻、西瓜糕以及食品雕刻西瓜盅、西瓜灯等。

【品质鉴别】以果实光洁、不软、花纹亮、用手轻轻拍、瓜声砰砰响者为最佳。

【营　　养】中医认为，西瓜是一种富有营养、纯净、安全的水果，有生津、除烦、止咳、解暑热、清肺胃、利小便、助消化、促代谢的功能，是一种可以滋补体的食物和饮料，适宜于高血压、肝炎、肾炎、胆囊炎、水肿、浮肿以及中暑发热、汗多口渴之人食用。但糖尿病患者吃多了会加重病情；体虚胃寒者吃多了会出现腹胀、腹泻和食欲下降症状；充血心力衰竭者和慢性肾病病人，食之过多后由于水分急剧增加，会加重心脏和肾脏的负担；口腔溃疡者食之过多，会因西瓜性寒而加重溃疡程度。

图 3.18　西瓜

（十三）猕猴桃

【别　　名】杨桃、羊桃、藤梨、藤枣、仙枣、毛梨等。

【形态与特点】果实为浆果，呈椭圆形、圆柱形等，未成熟时表皮密被绒毛，成熟时无毛，果实为黄绿色、黄褐色或棕褐色，果肉为绿或黄绿色，中间有放射形似芝麻但极小的淡褐色种子。

【产地、产季】全国各地均有栽培，产量较多的有湖南、湖北、陕西、甘肃、浙江、福建、云南、贵州、四川等省。每年9～10月为成熟期。

【品　　种】主要有中花猕猴桃和软枣猕猴桃两种。

【烹调应用】猕猴桃除鲜食外，一般用于制酒或制罐头等。

【品质鉴别】以无毛、个大、肉质细、种子小、成熟者为佳。

【营　　养】猕猴桃含有优良的膳食纤维和丰富的抗氧化物质，能够起到清热降火、润燥通便的作用，可以有效地预防便秘和痔疮。猕猴桃含有抗突变成分谷胱甘肽，有利于抑制癌症基因的突变，对肝癌、肺癌、皮肤癌、前列腺等多种癌细胞病变有一定的抑制作用。猕猴桃含有大量的天然糖醇类物质——肌醇，能有效地调节糖代谢，调节细胞内的激素和神经的传导效应，对预防糖尿病和抑郁症有独特功效。

图 3.19　猕猴桃

（十四）哈密瓜

【形态与特点】果实较大，呈圆形或橄榄形。果皮呈黄色或黄青色，果皮、果肉都较厚，瓜机白或红各色不等。肉质初脆嫩后编软，多汁味甜，请香爽口，风味独特。

【产地、产季】主产于新疆，夏季7～8月成熟。

【烹调应用】哈密瓜主要鲜食，也可制成果脯或罐头。

【品质鉴别】以果形完整、无疤痕、质脆、味甘甜者为佳。

【营　　养】哈密瓜性寒味甘，含蛋白质、膳食纤维、胡萝卜素、果胶、维生素A、维生素B、维生素C、磷、钠、钾等。哈密瓜果肉有利小便、止渴、除烦热、防暑气等作用，可治发烧、尿路感染、鼻生疮等症状。哈密瓜等甜瓜类所含苦毒素，具有催吐的作用，能刺激胃壁引起呕吐，适量服用可急救食物中毒，而不会被肠吸收，是一种很好的催吐剂。

图 3.20　哈密瓜

（十五）椰子

【形态与特点】椰子果实呈圆形或椭圆形，壳硬有毛，呈棕色，肉厚，味美，汁清香宜人。

【产　　地】我国主要产于云南和海南省三亚市、琼海市等地。

【品　　种】主要有两个大类：高椰和矮椰。

【烹调运用】椰汁可以饮用，椰肉可以当水果鲜食、制菜。

【品质鉴别】以果实鲜、肉丰厚、壳不破裂、汁不干枯、肉质洁白、香味较浓者为佳。

【营　　养】椰汁及椰肉含蛋白质、果糖、葡萄糖、蔗糖、脂肪、维生素 B、维生素 E、维生素 C、钾、钙、镁等。椰肉白色如玉，芳香滑脆，椰汁清凉甘甜。椰子味甘性平，入胃、脾、大肠经，果肉具有补虚强壮、益气祛风、消疳杀虫的功效，久食能令人面部润泽、益人气力及可使人耐受饥饿，可治小儿绦虫、姜片虫病，椰水具有滋补、清暑解渴的功效。

图 3.21　椰子

第三节　果品类原料的品质鉴别及储藏

一、果品类原料的品质鉴别

在饮食行业中，以果品作为烹饪原料，主要是制作甜菜、甜汤、馅心或直接上席，因此，对果品类原料的品质鉴定必须加以重视。由于果品类原料的品种较多且比较复杂，所以没有统一的品质鉴定标准，在鉴定果品类原料时，主要是用感官从果形、色泽与花纹、成熟度、机械损伤和病虫害等几方面来鉴定。

（1）果形。

果形是鉴别果品类原料的一个重要特征，每种果品都有自己特定的形状，凡是具备这种果实形状的，说明生长正常，质量较好，可做果品类原料；凡是发育畸形的，说明质量较差，可能是由于缺乏某种肥料或受病虫害而引起的，不能做果品类原料。

具备该种果实形状的鲜果，个体生长的发育也不一样，有的个体比较大，发育良好，营养成分含量较高，可食部分也较多，质量比较优良；有的个体较小，营养成分含量低，可食部分较少，质量也较差。

（2）色泽与花纹。

果品类原料的色泽是由不同的色素形成的，是反映果实的成熟度和新鲜度的具体标准。每种鲜果应具有它特定的鲜艳的色泽，随着色泽的改变，它的新鲜度开始降低，品质也随之下降。

花纹主要表现在新鲜果品的表皮上，凡是有花纹的果品，其花纹清晰，说明此果品类原料质量比较好；相反，花纹比较模糊不清，说明果品类原料质量较差。

（3）成熟度。

成熟度是衡量果品类原料的重要品质标准。一般地说，未成熟的果品，各种营养素不完全，口味发涩，质量较差，不宜做果品类原料；成熟度好的果品，营养价值较高，风味较好，且耐储藏，可以做果品类原料。成熟过度的果品，肉质松散，容易破裂，不宜储藏，也不宜做果品类原料。

（4）机械损伤。

果品在采收、运输、销售过程中，都会受到不同程度的损伤，这种损伤不仅影响果品外形的完整性，而且还会引起微生物的感染，加速果品腐败的速度，降低果品的质量。所以受过损伤的果品，如已出现质量问题，不可作为果品类原料。

（5）病虫害。

这种侵害不仅影响果品外观，降低质量，甚至使果品丧失食用价值，遭受病虫害的果品当然不能用作果品类原料。

总之，我们在选择果品类原料时，一定要注意选择那些具有典型果形、色泽好、个大、无损伤、无疤痕、无虫害的果品，以确保烹饪原料的质量。

二、果品类原料的储藏

储藏果品类原料特别是鲜果的总原则是创造一个适宜的外界环境条件，既要维持其正常的生理活动，又要尽量抑制其呼吸程度，以达到保存质量、破少损耗、延长储存时间的目的。常见的储藏方法有：

（1）低温储藏法。

低温储藏是储藏水果的主要方法，低温可以减弱水果的呼吸作用，降低水分的蒸发，延缓其成熟过程，维持果品的最低生理活动，抑制微生物的长繁殖。因此在储藏水果时，如苹果、梨、桃、李等水果，应储藏在 0 摄氏度左右的环境中为宜。如果环境温度低于适宜温度，就会使水果受到冻伤，所以说保持适宜的温度是储藏水果的至关重要的条件。

（2）窖藏法。

此法是既能利用稳定的室温，又可适当换入外界冷空气降温，灵活性较大，地窖里的温度，冬季一般能维持在 0 摄氏度左右，春秋季节也能保持较低的温度。

（3）库储藏法。

此法是最理想的储藏水果的方法。它可根据水果的种类，对温度、湿度的不同要求进行人工控制、调节，从而达到储藏水果的目的。

此外，还可以采用埋藏法、通风法等方法。

另外，在储藏果品类原料时还要根据不同果品类原料的特点进行分别处理。如：干果本身比较干燥，在储存保管时应注意防潮、防虫蛀、防出油即可；果干类的脱水比较充分，采用干燥方法（有的日晒、熏或烘烤等方法）容易储存，在储存保管时，应注意防尘、防潮、防虫蛀、防鼠咬等即可；果脯、蜜饯由于用糖来熬煮过，一般不会变质，但时间也不宜过久，否则会出现干缩、返潮、出现霉陈味等现象，一旦出现这些现象，可用糖重新熬煮即可。

在储藏果品时，切忌库内存放碱、油、酒以及化学原料物质，以免刺激水果变色变味。

不论采用哪种储藏方法保管果品，都应按类存放，严格挑选，合格码放，并应定期检查，发现问题要及时处理，以确保果品类原料安全储藏。

练习题

一、填空题

1. 果品类原料分为：________、________、_________、_________、_________、________、_________。

2. 柑橘类中的橘主要产区为_______、________、______等地。

3. 果品类原料的品质鉴别主要为：__________、____________、__________、__________、____________。

二、选择题

1. 我国栽培梨的品种主要划分为秋子梨系统、(　　)、沙梨系统、洋梨系统四大系统。

A. 鸭梨系统　　B. 白梨系统　　C. 雪梨系统　　D. 香梨系统

2. 草莓原产于(　　)。

A. 欧洲　　B. 亚洲　　C. 非洲　　D. 南美洲

三、判断题

1. 果品气味芳香、色泽艳丽，含有多种营养素，是人体生长发育、维持生命的物质基础。(　　)

2. 西瓜果肉中的小籽是分散的不规则形。(　　)

四、简答题

1. 果品类的主要营养成分有哪些？

2. 果品类原料的储藏方法有哪些？

第四章

畜禽类原料

学习目标

1. 通过学习，使学生认识常用畜禽类原料，掌握其品质特点。
2. 根据畜禽类原料的品质特点结合烹饪常识理解其在烹饪中的应用。
3. 从现代营养学和传统中医养生的角度，初步了解其营养成分和滋补养生的功效。

导　入

畜禽类原料在烹饪中运用非常广泛，根据质地分档精细，各部分烹饪中用途也有区别，既可以做主料也可以做辅料，是非常重要的烹饪原料。畜禽类肉主要用于菜肴制作：以畜类为烹饪原料可制作各种冷热菜肴，例如“回锅肉”“鱼香肉丝”“糖醋排骨”“卤牛肉”等；以禽类为烹饪原料可制作各种美食，例如“麻辣鸡块”“樟茶鸭”“陈皮兔丁”等；畜禽累原料内脏、骨头和头、尾等都可单独作为主料制作菜肴，例如“红烧牛头方”“泡椒鸡杂”“卤猪尾”等。除此之外畜禽累原料可以作为辅料制作菜肴，例如牛肉剁细制作“麻婆豆腐”，牛肉切块烧熟作为臊子制作“牛肉面”；还可以加工成馅料制作各种小吃、点心，例如“鲜肉包”“鸡汤抄手”“牛肉焦饼”等。畜禽类原料营养丰富，富含人体必须营养素，是人类主要的蛋白质来源。

第一节　畜禽类原料的基础知识

一、畜禽类原料的概念

畜禽类原料是指高等动物中畜类和禽类及其副产品的总称，主要以家养为主，如猪、牛、羊、鸡、鸭、鹅等。现在也有部分人工驯化养殖的野生动物，如野猪、竹鼠、野鸭等。对于其他保护野生动物，我国有明确的法律法规，禁止违法捕捉，也禁止经营销售。畜禽类原料可以为人类提供必需的多种营养素，如三大产热营养素（蛋白质、脂类、糖类）、无机盐和维生素等，对人机体组织构成和生命活动的维持等都有着重要的作用。畜禽类原料在烹饪中应用历史久远，范围广泛，其既可作为主料制作筵席主菜，又可作为辅料与其他原料一起烹制成菜。

二、畜禽肉的组织结构

人们常说的“肉”主要是指动物宰杀后去皮、毛、角质硬蹄后躯体的可食用部分，有带骨肉和净肉两种。组成肉的组织有肌肉、骨骼、脂肪等，其中肌肉为主要食用部位。由于动物的品种、生长环境、喂养方式以及同一动物不同部位肉的质地和风味差异较大，所以我们要详细学习以指导烹饪中的具体应用。

（一）肌肉组织

肌肉组织是构成“肉”最主要的部分，也是最有食用价值的部分，还是烹调原料中应用最广泛的一种。肌肉组织是由肌纤维构成，肌纤维由肌细胞构成，肌细胞的粗细随动物的种类、年龄、喂养方式和活动状态而有所差异。肌纤维的细胞基质称为肌浆，分布在肌原纤维间，含大量水溶性蛋白质、肌红蛋白、各类代谢的酶类以及各种必需氨基酸，是肉类中最有营养也最容易流失的部分。肌浆含量的多少决定了肉颜色的深浅，肌浆含量多、肌原纤维少、质地细嫩、呈红色的，称为“红肌”；肌浆含量少、肌原纤维多而粗、呈白色的，称为“白肌”。

（二）结缔组织

结缔组织在畜禽体内广泛存在，如皮、韧带、筋膜、肌腱等，它主要由无定形的基质与纤维构成，其纤维是胶原纤维和网状纤维，都属于不完全蛋白，且坚硬，难溶，不易消化，所以其营养价值低。当温度在 80 摄氏度时胶原纤维可溶解成明胶，冷却后可形成固体状的胶冻，烹饪中将其直接调味，制作凉菜或者加入其他原料制成馅心。一般情况下，动物前肢或上肢处结缔组织较多，老龄的、活动多的动物体内结缔组织较多。只要烹饪方法得当，结缔组织也可以制作出许多美味佳肴，如“红焖牛掌”“千层耳叶”“白扒鹿筋”等。

（三）脂肪组织

脂肪组织是由退化的疏松结缔组织和大量脂肪细胞积聚而形成，脂肪细胞构成较大的脂肪颗粒，脂肪颗粒由网状的结缔组织相连，形成我们看见的肥膘或者板油等脂肪组织。当受热后，网状的结缔组织会收缩破坏，与脂肪分离，这就是我们能够通过加热从肥膘肉和板油中炼出油脂的原理。

脂肪组织在体内主要有两种：一种是储备脂肪，积蓄在皮下的称为皮下脂肪（肥膘肉），分布在肾脏周围的称为板油，位于腹腔内肠道外的俗称网油；另一种是肌间脂肪，分布在肌肉的内外肌鞘间，其横切面呈红白相间的大理石花纹，如我们常见的雪花牛肉、猪肩部的梅肉。动物体内脂肪组织的多少因品种、喂养方式、部位、年龄不同而差异较大；其颜色也有区别，牛、绵羊呈淡黄色且有膻味，猪、山羊为乳白色且无明显异味。

（四）骨骼组织

烹饪原料学中所讲的骨骼组织主要有两种：一种是不带肉的硬骨，如呈管状的腿骨，其内有骨髓，呈块状的脊骨、肩胛骨等，烹饪中多用来制汤；另一种是带肉的软骨（又称脆骨），如排骨或月牙骨，烹饪中多用来直接烹制菜肴。

（五）畜禽内脏

畜类和禽类的内脏组成相同，都是由心、舌、肝、胃、肠、肾等构成。不同的是，禽类内脏的个体较小，畜类个体较大且同一个体不同部位质地也不相同。在烹饪中，畜类动物内脏应用较多，所以本书主要讲解畜类动物内脏。

（1）心，又称灵台，由心肌和血管构成，质地柔韧有嚼劲；在烹饪中既可做主料也可做辅料制作成多种菜肴，其主动脉即是川味火锅涮菜中的“黄喉”。

（2）舌，又称口条，新鲜猪舌呈灰白色，包膜平滑，无异块和肿块，舌体柔软有弹性，无异味。变质的猪舌呈灰绿色，表面发黏、无弹性，有臭味。由于猪舌含较高的胆固醇，凡胆固醇偏高的人都不宜食用猪舌。猪舌肉质坚实，无骨，无筋膜、韧带，熟后无纤维质感。

（3）肝，主要由肝细胞构成，肝细胞极小且成分多，故质地柔软、细嫩多汁；加工时要注意避免把生长在其右叶的胆囊（俗称苦胆）弄破，否则影响色泽且带苦味。烹饪中多采用爆、炒、熘等旺火速成的方法，为了保证脆嫩的口感和丰富的营养，也可以采取卤、酱的方法制成酱肝。

（4）肾，又称“腰子”，主要食用的部位是肾的皮质，质地脆嫩。加工时要去除其内部的肾髓质（俗称腰臊），且还要清洗干净或加少量食醋以去除尿臊味，否则严重影响菜肴质量。烹饪中适宜采用旺火速成的方法，如炒、爆、熘等，因皮质受热后会翻卷，故刀工处理上以花刀为主，如荔枝花刀、麦穗花刀等。

（5）胃，又称“肚子”或“胗”，是动物储藏和消化食物的器官，其形状因动物种类而异，主要分为单胃和复胃两种。单胃如猪胃，呈扁平囊状，其连接食管的部位的环形肌层发达厚实、质地脆韧，俗称“肚头”，常经过一些刀工处理，再采用爆、炒、拌的烹饪方法；其他部位质地则更加绵软，多用烧、烩、卤等技法。复胃如牛、羊胃，由瘤胃、网胃、瓣胃和皱胃组成；瘤胃——“毛肚”，网胃——“蜂窝肚”，瓣胃——“百叶、千层”。蜂窝肚肌层发达，一般需要初加工、煮或者卤后再调味制作成菜肴，百叶肚、毛肚食用的主要部位是结缔组织，适宜凉拌或者涮、烫，也是火锅常用的原料。禽类动物的胃称为胗，如鸡胗、鸭胗；禽类的胃分肌胃和腺胃，腺胃较小，分泌胃液，肌胃较大且肉质较厚，负责储存和磨碎食物，也是主要食用部位。

（6）肠，是指动物消化管的后段，通常分为大肠和小肠两部分，小肠管径小而均匀，是食物消化吸收主要的场所，大肠管径较大，肌层发达，食用价值较高。烹饪中将大肠的直肠部分称为“肠头”，适于烧、蒸、卤等方法，也可将小肠用作加工成灌肠、香肠；初加工时须用盐、醋、碱反复搓洗、浸泡，以去除黏液和异味。

三、分档取料

猪、牛、羊等动物较大，通常不会整头入菜，必须进行合理的分割。分档取料就是根据原料不同部位的肥瘦、质地以及适合的烹饪方法进行准确分割，以满足不同菜肴的需求。这里我们主要以畜类原料中的猪为例，根据商业用途分档法进行讲解，牛和羊的机体结构和猪比较相似。猪肉的分类及所处部位如图 4-1 所示。

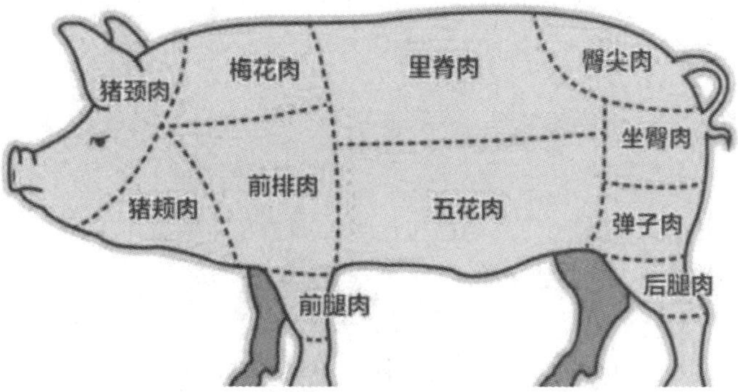

图 4-1　猪肉的分类及所处部位

一号肉：猪颊肉、梅花肉、前排肉。这部分肉肌间脂肪多，结缔组织多，吸水性强，适合炸、炖、焖等烹调方法以及制作馅心，其中梅花肉品质较好，粤菜中常用来制作叉烧。常见菜肴：“干炸丸子”“蒜香梅花肉”“猪肉炖粉条”。

二号肉：五花肉。这部分肉脂肪和肌肉互相间层，五花三层故称五花肉；其下方奶脯部分口感差，肥肉多，通常会割去炼油或他用。烹饪中适合炖、焖、烧、蒸等技法，是加工酱肉、走油肉、咸肉等上等原料。常见菜肴：“咸烧白”“红烧肉”“东坡肉”。

三号肉：里脊肉，包括背通脊（背柳或内里脊）、外里脊（腰柳）、宝肋（去除部分背柳和排骨后肥瘦兼有的部分猪背肉）。这部分肉质很嫩且易于刀工成型，适合炒、熘、炸、蒸等技法。常见菜肴：“青椒肉丝”“白油肉片”“糖醋里脊”“龙眼肉”“夹沙肉”。

四号肉：臀尖肉、坐臀肉、弹子肉。这部分瘦肉多，肉质较嫩，结缔组织和脂肪较少，适合炒、爆、熘等多种烹饪方法，也是制作火腿、腊肉、腊肠、肉松等的上等原料。常见菜肴：“回锅肉”“生爆盐煎肉”“蒜泥白肉”。

头、腿、尾：这部分肉结缔组织多，胶原蛋白含量高，适合长时间加热的技法，如酱、烧、扒、炖、卤等。常见菜肴：“扒猪头”“酱猪手”“水晶肴肉”“卤猪尾”“蹄花汤”。

骨骼：排骨、脊骨、筒子骨。几种骨骼都是炖汤的上等原料，烹饪中排骨入菜较多，如“红烧排骨”“糖醋排骨”“粉蒸排骨”。脊骨和筒子骨通常用来熬汤也可用来卤、酱入菜，如“东北的酱大骨”“一把骨汤锅”。

四、营养成分与中医养生

（一）营养成分

（1）蛋白质。

畜禽类原料的蛋白质主要分布在肌肉组织中，其中猪、牛、羊、鸡、鸭（瘦肉）中蛋白质含量高达 18%～20%，是完全蛋白，消化吸收率和营养价值也较高。结缔组织也含有一定蛋白质，主要是不完全蛋白质。动物类原料中含有能溶于水的含氮浸出物，这些物质是肉汤鲜味的主要来源，动物生长时间越久，含量越高。

（2）脂类（脂肪）。

动物的脂肪主要聚集在皮下、肠间网膜、肾脏周围和肌间，其含量因种类、喂养方式不同差异较大。畜类动物的脂肪以饱和脂肪酸为主，熔点较高，故其制成的油适合炸、爆等技法。禽类动物的脂肪中含有较多亚油酸，熔点较低，同时呈微红色或者黄色，烹饪中常用于制作明油。

（3）糖类。

糖类在畜禽类原料中含量很少，主要以糖原形式存在于肌肉和肝脏。

（4）无机盐。

畜禽类原料的无机盐含量较少，一般占 0.8%～1.3%，主要有钙、磷、钾、钠、铁、锌等；因肉类品种不同差异较大，一般瘦肉中含量高于肥肉。

（5）维生素。

畜禽类原料中含有少量的维生素，瘦肉中含有较丰富的 B 族维生素，肝脏中含有较丰富的维生素 A。

（二）中医养生

中医认为药食同源，所有食材都有四气五味和归经。 四气指寒、凉、温、热四种药性，五味指辛、甘、酸、苦、咸五种不同味，归经是指某种食物和人体的经络联系起来，表明食疗原料对人体某些脏腑经络的实际作用和重点选择性。一般来讲畜禽类原料味甘、性平或者温热，但不同种类或部位其性味归经有一定差异，我们在后面将具体介绍。

第二节　常见的畜禽类原料

一、畜类

（一）猪

猪是人类主要肉用家畜之一，占我国肉食总消费量的 80%以上，全国各地均有饲养，一般体重可达 100 ～300 千克。猪肉的肌肉组织为淡红色，因年龄、部位、品种的不同，色泽有深浅之别；肌纤维细嫩柔软；皮下脂肪和肌间脂肪沉积较多，为白色或粉红色。根据商品用途，猪可分为三类：瘦肉型，如长白猪、金华猪；脂肪型，如宁乡猪、内江猪；肉脂兼用型，如约克夏、荣昌猪。

猪肉在烹饪中应用广泛，由于不同部位的肉质差异较大，在具体使用中，应针对不同部位选用合适的烹饪技法，以达到理想的成菜效果。头、四肢结缔组织多，质地较老，适于烧、炖、卤等，如“红烧猪蹄”“卤猪头肉”，背部、后臀尖的肌肉成块而结实，肌间脂肪多，细嫩多汁，适合炒、煮、熘等，如“鲜熘肉片”“青椒肉丝”，颈部、腹部肉质较差、不成型，但吸水性强，粘连性好，适合制茸、丸或馅心，也可成块长时间加热成菜，如“干炸丸子”“猪肉白菜饺（馅心）”“红烧肉”“樱桃肉”。

猪肉味甘、咸，性平，入脾、胃、肾经，具有补肾养气、滋阴润燥的作用，主治热病伤津、肾虚体弱、产后血虚、燥咳、便秘。

我国人工养殖的野猪也常在烹饪中应用，野猪肉呈暗红色，质地细嫩，瘦肉多，肥肉很少，野猪皮厚，质地紧实；烹饪中常采用烧、炖等技法，也可进行进一步分档取料，采用更加精准的烹调方法。

（二）牛

我国牛的品种有黄牛、水牛、牦牛三种，体重均可达 500 千克。牛肉蛋白质含量高于猪肉，脂肪含量较低，是优质蛋白质的良好来源。

牦牛主要分布于青藏高原及西南等地，其肌肉组织较密致，色泽紫红，风味佳，肉质好。

黄牛主要分布于黄河流域及其以北的地区，如鲁西黄牛、延边黄牛、秦川牛等。黄牛肉的肌纤维较细，组织较紧密，色泽深红，肌间脂肪分布均匀，切面呈大理石状，结缔组织少，肉质细腻。

水牛主要分布于长江流域及其以南的地区。水牛肉肌纤维粗，组织不紧密，色泽暗红，脂肪含量少，呈白色，有一定膻味。水牛肉是三种牛肉中肉质最差的。

牛肉在烹饪中应用广泛，既可做小吃点心的馅料又可作菜肴主料，尤其在清真饮食中应用更多。由于其本身带有一定膻味，加工中要注意去除，其纤维较粗，可采取适当刀工处理和加嫩肉粉（木瓜蛋白）腌制来改良。代表菜式有“酱牛肉”“水煮牛肉”“灯影牛肉”“兰州牛肉拉面”“孜然牛肉”等。

牛肉味甘，性平，入脾、胃经，具有补脾胃、益气血、强筋骨的作用。

（三）羊

我国羊的种类较多，但肉用的主要有山羊和绵羊两类。山羊主要分布于华北、东北、四川等地，如南江黄羊、哈密山羊、中卫山羊，体重在 30 千克左右，肉色暗红，皮厚，皮下脂肪较少，腥膻味重。绵羊主要分布于西北、华北、内蒙古等地，如蒙古肥羊、新疆细毛羊、宁夏滩羊，体型较山羊大，体重可达 60 千克，肉色红润，肌纤维细，肉质紧实。

羊肉根据不同部位进行分档取料后，适于多种烹饪方法，适合多种调味，可制作多种菜品、小吃，清真饮食中应用尤为广泛。代表菜式有“孜然羊排”“葱爆肴肉”“烤全羊”“涮羊肉”“羊肉泡馍”等。

羊肉味甘，性热，入脾、胃、肾、心经，具有温补脾胃肝肾、补血温经的作用，用于治疗脾胃虚寒所导致的反胃、身体虚弱、畏寒等症，治疗肾阳虚所导致的腰膝酸软冷痛、阳痿症，治疗产后血虚经寒所导致的腹冷痛。

（四）驴

驴在我国主要分布于华北、西北、内蒙古等地，根据用途可分为役用和肉用两种。驴肉肉质坚实，肌纤维细嫩，肉味鲜美，民间有“天上龙肉，地上驴肉”的说法。由于驴、马、骡肉易传播鼻疽病，故市场上禁售鲜驴肉，且驴肉具有一定腥膻味，烹饪中应注意用其他香料去除。

驴肉在烹饪中常采用长时间加热的方法，尤以酱、卤最为常见，代表菜式有“驴肉火烧”“酱驴肉”“腊驴肉”等。

驴肉味甘，性凉，入肾、心经，有补气养血、滋阴壮阳、安神的功效。

（五）狗

狗古称“地羊”，是人类最早驯化的动物之一。狗肉又称“香肉”，我国食用狗肉历史悠久，民间常将狗肉作为冬令补品，现在全国各地均有食用。

狗肉肌纤维细腻柔嫩，营养丰富，含有多种氨基酸，但具有一定腥味。烹饪中常用清水浸泡数小时，然后加姜葱、料酒等焯水以去除腥味；宜采用长时间加热的烹饪技法如砂锅炖、焖、煨、卤等，代表菜式有“贵州花江狗肉”“狗肉煲”“清炖狗肉汤”。

狗肉味酸，性温，归脾、胃、肾经，补中益气，温阳助肾。

（六）兔

兔肉有家兔和野兔两种，烹饪中家兔肉较为常用，肉质上野兔比家兔更加紧密、细嫩，滋味更香，尤以秋季野兔最为肥美。兔肉色白微带粉嫩，肌纤维细嫩，肉质柔软；适合炒、爆、烧、拌等多种技法制作风味各异的冷热菜肴。代表菜式有“花生仁拌兔丁”“仔姜兔”“冷吃兔”“五香兔肉”“缠丝兔”。

兔肉蛋白质含量高且为优质蛋白质，但脂肪含量很低，常吃兔肉有益人的肌肤健美，所以，兔肉又被称为“美容肉”。

兔肉味辛，性寒，归肝、大肠经，补中益气，凉血解毒，治胃热呕吐、便血。

（七）竹鼠

在我国，竹鼠主要分布于福建、浙江等东南地区和云南、贵州、四川、广西等西南地区，生活在竹林和山间灌木丛中。为了满足市场需求，现在已经大规模人工养殖竹鼠。竹鼠肉营养价值很高，含粗蛋白质 57.78%、胆固醇 0.05%，还富含磷、铁、钙等矿物质和维生素 E，是一种营养价值高、低脂肪、低胆固醇的野味。

竹鼠体型较胖，长约 30 厘米；肉质洁白、细嫩，味鲜美，民间有“天上斑鸠，地上竹飀”的说法。烹饪中将宰杀洗净的竹鼠整只入菜，也可刀工处理后采用烧、蒸、炖、焖等技法成菜。代表菜式有“清蒸竹鼠”“黄焖竹鼠”“红烧竹鼠”等。

竹鼠肉味甘，性平，无毒，补中益气，解毒。现代医学证明，竹鼠肉具有促进人体白细胞和毛发生长、增强肝功能和防止血管硬化等功效，对抗衰老、延缓青春期有良好效果，是天然美容和强身佳品。

除以上几种常见畜类动物外，还有如骆驼、田鼠、刺猬、狍子等动物也可做烹饪原料入菜。一般来讲野畜肌肉组织较多，脂肪含量较少，肉色较深，结缔组织多，肉质较老。野畜肉常带有一定腥膻味，加工常用冷水浸泡或冲水去除血水和异味，同时有的还带有病原菌，一定要充分烧熟煮透。

二、禽类

禽类指的是鸟类，分为家禽和野禽，家禽是经过长期驯化饲养的鸟类。烹饪中常用的禽类有鸡、鸭、鹅、鸽子等。

（一）鸡

鸡按用途可分为四大类：肉用鸡产蛋量低，体型较大，主要用肉，如狼山鸡、九斤黄；蛋用鸡体型较小，产蛋量大，如来航鸡；肉蛋兼用鸡肉质好，产蛋量适中，如寿光鸡；食药同用鸡具有较好的药用价值，也兼具食用性，如泰和乌鸡，因其皮、骨、肉、内脏、脂肪均为黑色而得名。鸡按年龄分仔鸡、成年鸡、老鸡；按性别可分为母鸡、公鸡和阉鸡。鸡肉的肌纤维细嫩柔软，肌间脂肪较多，鸡胸肉呈白色，鸡腿肉颜色较深，鸡爪和鸡翅部分胶质丰富。鸡肉蛋白质含量较高，且含有丰富的谷氨酸，所以味鲜肉香，是制汤最理想的原料之一。

鸡在烹饪中应用广泛，可做主料也可做辅料，既可整只烹饪也可精细分档后，加工成菜。烹饪中适宜烧、蒸、炖、炒、拌、焖、卤等各种技法，也可整料去骨后制作菜肴如“八宝鸡”“糯米鸡”。鸡胸肉质地细嫩、块大、筋少，适宜丝、丁、片等各种刀工成型，然后采用炒、熘等快速加热成菜的技法。鸡腿肉紧实致密，结缔组织较多，适宜整个炸、卤、烧，也可切丁炒、爆等，鸡翅、鸡颈、鸡爪等根据具体情况采用适宜的方法进行合理加工成菜。代表菜式有“广东白切鸡”“山东德州扒鸡”“浙江叫花鸡”“四川宫保鸡丁”“鸡豆花”“泡椒凤爪”等。

鸡肉味甘，性温，入脾、胃经，温中，益气，补精，添髓，用于治疗虚劳瘦弱、中需食少、泄泻、头晕、月经不调、产后乳少、消渴、水肿、小便数频、遗精、耳聋耳鸣等。

（二）鸭

我国是世界上最早驯化养殖家鸭的国家，主要产于华东、华北、华南等地区，有近 30 个品种。最常用的有两种：一种是北京鸭，其体型大、肉质好、脂肪多，属于肉用型，因其采用“填食”的喂养方式育肥，故称作“填鸭”，常用来制作“北京烤鸭”；另一种是麻鸭，属于肉蛋兼用型，产于江苏高邮和娄门地区，以产双黄蛋闻名，也是“南京板鸭”的主要原料。

鸭在烹饪应用中与鸡相似，既可整只加工，也可精细分档后烹饪，由于其略带腥膻味，烹饪需要注意加以去除。整只加工可制作成烤鸭、板鸭、盐水鸭等，也可整料去骨后加入馅料制成八宝葫芦鸭；分档后鸭头、鸭脖、鸭掌、鸭翅、鸭架都可卤制或吊汤等，鸭腿、鸭胸可经适当刀工处理后再采用烧、卤、焖、炒、爆等技法单独成菜。代表菜式有“北京烤鸭”“四川樟茶鸭”“南京盐水鸭”“南京板鸭”等。

鸭肉味甘、咸，性凉，入肺、脾、胃、肾经，滋阴养胃，利水消肿，用于治疗虚劳发热、咳嗽痰少、咽喉干燥、水肿、小便不利等。

（三）鹅

鹅与鸭一样都为鸟纲雁形目鸭科家禽，体型上比鸭大很多，可达 15 千克。鹅也可分为两种：肉用型，如狮头鹅；肉蛋兼用型，如奉化鹅、清远鹅。其肉质和鸭肉很相似，只是带有腥味，烹饪应用也和鸭相似。要注意的是经过育肥的鹅肝脏质地细腻、滑润肥庾、鲜香味美，是国际市场上的高档原料。鹅肝、鱼子酱、松露被誉为“世界三大美食”。代表菜式有“扬州盐水鹅”“广东烧鹅”“黄焖仔鹅”等。

鹅肉性平，味甘，归脾、肺经，具有益气补虚、和胃止渴、止咳化痰、解铅毒等作用，适宜身体虚弱、气血不足、营养不良之人食用。

（四）鸽

我国鸽子品种很多，按用途可分为肉鸽、信鸽和观赏鸽三类，烹饪中主要应用肉鸽。我国饲养的肉鸽主要有石岐鸽、王鸽等。肉鸽中食用期在其幼年阶段的称为乳鸽，适合于炸、烤等方法；成年鸽适合于炖、蒸等技法。鸽肉生长期短、肉质好、肌纤维短，肉质细嫩，滋味鲜香。代表菜式有“天麻炖鸽”“香酥乳鸽”“清蒸鸽子”“三丝炒鸽松”等。

鸽肉性平、味甘咸，归肝、肾经。《本草纲目》中记载“鸽羽色众多，唯白色入药”，从古至今中医学认为鸽肉有补肝壮肾、益气补血、清热解毒、生津止渴等功效。现代医学认为：鸽肉壮体补肾，生机活力，健脑补神，提高记忆力，降低血压，调整人体血糖，养颜美容，皮肤洁白细嫩，延年益寿。

（五）火鸡

火鸡又称七面鸡，学名吐绶鸡，源于墨西哥，现在世界各地均有养殖。火鸡体型高大，背宽而长，胸肌和腿肌都很发达，繁殖期间头部皮瘤和喉下肉垂都会膨胀，因这时雄鸡呈火红色而得名。火鸡根据品种不同，体型大小也有差异，一般体重在 8 ~ 12 千克。火鸡肉肌纤维较粗且长，肌间脂肪含量低，肉质较老；蛋白质含量高，胆固醇含量低。

烹饪中西方应用较为常见，烤火鸡是西方感恩节、圣诞节餐桌上不可或缺的传统美食；西餐中也常去骨取肉再进行烹饪。近年来中餐也开始使用，由于其肉成块，适宜进行刀工处理切成丝、丁、片、块，再采用炒、爆、熘、拌等多种技法，也可制作成馅料。代表菜式有“烤火鸡”“熘火鸡脯”“醋椒火鸡”“卤火鸡腿”等。

火鸡肉性温微热，味甘香，滋补作用较强，对怔忡心悸、头晕目眩、脾胃虚寒、食欲不振、久病体虚、腰膝乏力等有良好的功效。其蛋白质含量高达 30.5%，而且富含多种氨基酸，特别是蛋氨酸和赖氨酸都高于其他肉禽，维生素 E 和 B 族维生素也含量丰富，具有提高人体免疫力和抗衰老等功效。

（六）鹌鹑

鹌鹑又称为赤鹑、稻鸡，我国养殖历史久远。其体型较小而滚圆，羽色多较暗淡，通常雌雄相差不大。鹌鹑肉、蛋，味道鲜美，营养丰富。鹌鹑肉是典型的高蛋白、低脂肪、低胆固醇食物，鹌鹑可与“补药之王”人参相媲美，被誉为“动物人参”。

烹饪中常整只入菜，适用于炸、炒、烤、焖、煎、汤等烹调方法，其胸肌可取下后再精细烹饪，也可作为药膳主料。代表菜式有“香酥鹌鹑”“芙蓉鹑丁”“烤鹌鹑”等。

鹌鹑肉性平，味甘，入大肠、心、肝、脾、肺、肾经，能补五脏，益中续气，实筋骨，耐寒暑，消结热，适用于治疗消化不良、身虚体弱、咳嗽哮喘、神经衰弱等症。

禽类原料除以上常用品种外还有部分野生动物，如野鸭、秧鸡、斑鸠、竹鸡、石鸡等。其身体组织机构和家禽相似，但飞翔能力更强且胸肌发达，同时其活动量大，肉质比较嫩。虽然野禽肉有较多含氮浸出物，但具有刺激性味道，故不适于制汤。特别注意有的野禽如锦鸡、榛鸡等已经列为国家野生保护动物，除专门养殖的品种外，禁止捕猎和食用。

练习题

一、填空题

1. 畜禽肉的组织结构包括________、________、________、________、________。

2. 当温度在________摄氏度时胶原纤维可溶解成明胶，冷却后可形成固体状的胶冻。

3. 猪根据商品用途可分为_______、_______、_______三类。

4. 鸡按用途可分为四大类：_______、_______、_______、_______。

二、选择题

1. 猪、牛、羊、鸡、鸭等畜禽类原料含蛋白质________左右。

A. 10%　　B. 20%　　C. 30%　　D. 40%

2. 下列属于药食通用型鸡的是________。

A. 狼山鸡　　B. 寿光鸡　　C. 来航鸡　　D. 泰和乌鸡

3. 因其脂肪含量极低，被誉为美容肉的是________。

A. 鸡肉　　B. 鱼肉　　C. 兔肉　　D. 牛肉

4. 北京鸭体型大、肉质好、脂肪多，属于肉用型，因其采用“填食”的喂养方式育肥故又称作“填鸭”，烹饪中常用来制作________。

A. 樟茶鸭　　B. 板鸭　　C. 盐水鸭　　D. 烤鸭

三、简答题

1. 从中医养生角度来讲，羊肉有哪些滋补功效？

2. 畜禽类原料主要的营养成分有哪些？

第五章

蛋品和乳品类原料

学习目标

1. 了解蛋品和乳品的基础知识和基本的营养成分。
2. 了解烹饪中常见的蛋品和乳品的品种，熟悉蛋品和乳品在烹饪中的运用。
3. 掌握蛋品和乳品类原料的鉴别和储藏技术。

导　入

蛋品和乳品是我们日常生活中常见的烹饪原料，因其原料广泛，营养丰富，容易被人体吸收，且烹饪方法简单，深受人们的喜爱。随着烹饪技术的发展和进步，蛋品和乳品在烹饪中的运用日益广泛，通过这一章的学习，可以更加全面深刻地了解其特点、营养价值和烹饪中的运用方法。

第一节　蛋品类原料

一、蛋品的概念和营养成分

（一）蛋品的概念

蛋品类原料主要是指禽类动物排出体外的卵，爬行类动物也产蛋，但是由于其数量少，不便于采集，所以烹饪中所用的蛋主要是禽蛋，且以家禽和人工养殖的野生禽类的蛋品为主。蛋品具有营养价值高、容易被人体吸收、烹饪方法简单等特点，因此是烹饪中常用的原料之一。

（二）蛋品的营养成分

蛋品的营养成分主要是水分、蛋白质和脂肪，此外还含有维生素、多种无机盐和少量糖类。由于种类、品种、产蛋期、饲料、饲养方式等因素的不同，蛋品的外形和营养成分的含量有一定的差异和不同。

蛋品的营养成分决定了蛋品具有丰富的营养价值且容易被人体吸收，因此蛋品是营养配餐中常见的原料。

1．蛋白质

蛋品中含有丰富的蛋白质，约占蛋总质量的12%左右（蛋壳部分除外），主要是蛋清中的卵白蛋白质和蛋黄中的卵黄磷蛋白。它们都属于完全蛋白质，容易被人体吸收，综合吸收率可以达到98%以上。

2．脂肪

蛋品中脂肪的含量约占10%左右，多集中在蛋黄中。脂肪中含有大量的卵磷脂和其他脂肪酸，卵磷脂约占32.8%，这些成分对人体的大脑及其神经组织的发育有重要作用。液态脂肪酸易被人体消化吸收，吸收率约为95%。

3．无机盐

蛋白和蛋黄中均含有一定的无机盐，其总含量约占1%左右。蛋品中的无机盐主要是磷和铁，钙含量较少。

4．维生素

蛋品中维生素含量丰富，蛋清中含维生素P和B_2较多，蛋黄中含维生素E和B_1较多，因此蛋品对人体有一定的疗养作用。

5．糖类

蛋品中的糖含量较少，主要是葡萄糖和少量乳糖，在蛋清和蛋黄中均有少量分布。

二、蛋品的结构

蛋品的种类不同，其大小、颜色及外形存在差异，有的壳厚，有的壳薄，但基本结构相同。常见的禽蛋类蛋品主要由蛋壳、蛋清和蛋黄三部分构成。如果按轻重比例计算，蛋壳：蛋清：蛋黄=1：6：3。蛋品的大小主要取决于禽类品种、饲料构成和饲养方式，大小对营养成分无影响，但是饲料的构成对蛋的成分有一定影响。

（一）蛋壳

蛋壳由外蛋壳膜、石灰质蛋壳、内蛋壳膜和蛋白膜组成。

1．外蛋壳膜

外蛋壳膜是一种无定形的、透明的、可溶性的黏蛋白，成霜状分布在蛋壳外层。虽然外蛋壳膜有透气性，但是它可以减少微生物的侵入和阻止蛋品的水分蒸发，对蛋品的储藏和保存具有重要作用。

2．石灰质蛋壳

石灰质蛋壳主要由碳酸钙构成，具有保护蛋白、蛋黄和固定蛋的形状的作用，质地脆，不耐碰撞和挤压，但可承受较大的均衡静压。蛋壳的颜色和质地主要取决于禽类的品种和饲料结构。一般来说，颜色越深壳越厚，反之则越薄。石灰质蛋壳层，尤其是大头部分，分布着很多肉眼看不到的气孔，可供蛋内胚胎的呼吸进出，也是孵化和制品加工的必需条件，同时也是微生物入侵蛋内导致蛋的腐败变质的主要原因。

3．内蛋壳膜和蛋白膜

内蛋壳膜和蛋白膜都是具有弹性的网状薄膜，靠近蛋壳的一层叫内蛋壳膜，组织结构松散，里面还有一层蛋白膜，组织结构紧密。蛋产下以后，温度不断下降，蛋清和蛋黄收缩，于是在蛋的大头部位，蛋白膜和内蛋壳膜逐步形成气室。随着储藏的时间增长，水分丢失越来越多，气室越来越大，因此气室的大小也是鉴别蛋的新鲜度的一个重要指标。

（二）蛋清

蛋清因为在水中受热成熟后是白色，所以也叫蛋白，蛋清位于蛋黄和蛋壳之间，是一种浅黄、透明、黏稠的半流体，在蛋清的两端分别有一条粗浓的带状物称为“脐带”，起牵引固定蛋黄的作用。整个蛋清共有三层，第一层为稀薄层，第二层为浓厚层，第三层靠近蛋黄外围，也为稀薄层。浓厚层中含有能溶解微生物细胞壁的溶菌酶，有一定的抗菌能力。随着时间的延长，浓厚层逐渐变得稀薄，蛋的新鲜度也降低。在低温条件下，变稀的过程比较缓慢，在高温条件下，变稀的过程则比较迅速。因此，浓厚蛋白的多少也是鉴别蛋的新鲜度的标志。

（三）蛋黄

蛋黄由蛋黄膜、胚胎和蛋黄的内容物构成，通常位于蛋的中心，呈球形。

蛋黄膜位于整个蛋黄的外一层，结构紧密，新鲜蛋的蛋黄膜具有弹性，随着储藏的时间的延长，弹性逐渐消失，最后形成稀散的蛋黄，因此蛋黄的结构状态也是鉴别蛋的品质的指标之一。

蛋黄的上侧表面有一个2毫米左右的白点，称为胚胎（受精蛋）或胚珠（未受精蛋）。在适宜、均衡的温度条件下，胚胎会迅速地发育，使蛋的储藏性和食用性降低。

蛋黄的内容物是一种黄色不透明的乳状液，由淡黄色和深黄色的蛋黄层构成。内蛋黄和外蛋黄颜色都比较浅，只有两层之间的颜色比较深。

三、常见的蛋类品种及烹饪运用

（一）鸡蛋

【特点及营养价值】鸡蛋是蛋类中最主要也是最常见的一种，表面颜色常见的有浅白色、浅棕色和绿色，鲜蛋表面有似白色的霜。鸡蛋营养丰富，易于吸收，含有丰富的蛋白质、卵磷脂和维生素，对人体的生长和大脑发育有重要作用。

【烹饪运用】鸡蛋在烹调中运用十分广泛，可整个使用，也可以蛋清、蛋白分开使用，可以作为主料使用，也可以作为配料、辅料和菜肴装饰材料来使用。作为主料，鸡蛋适用于炒、煮、煎、炸、蒸、卤等烹调方法，可以制作"炒鸡蛋""荷包蛋""蛋饼""炸蛋松""臊子蒸蛋"等菜肴和食物。代表菜肴有粤菜的"凉瓜煎蛋"、川菜的"泸州烘蛋"。作为配料，鸡蛋可以和很多原材料搭配制作各种菜肴。代表菜肴有"蛋美鸡""木须肉丝"。作为辅料，鸡蛋是制作上浆挂糊的重要辅料，可以用蛋清制作"蛋泡糊"，可以用全蛋制作"全蛋淀粉糊"，且可制作"雪山""芙蓉"等菜式，也是面点制作中的蛋泡膨松面团的主要膨松原料。在制作月饼、蛋黄酥等产品也常用蛋黄来上色。用鸡蛋制作出来的"蛋皮""蛋丝""蛋清发泡糊"等常用来装饰美化菜肴。

（二）鸭蛋

【特点及营养价值】鸭蛋呈椭圆形，个头比鸡蛋大，一般重达 70～80 克。表面颜色呈白色或青绿色，腥味较重。鸭蛋中蛋白质、脂肪、维生素A、维生素 B_1 和 B_2 及钙、磷、铁的含量较高，含糖量较高。

【烹饪运用】鸭蛋在烹调中可以代替鸡蛋使用，但是鸭蛋腥味较重，不适宜蒸煮等保持本味的烹调方法。鸭蛋可以制作成小吃"糯米蛋"，也可以制成鸭蛋制品，常见的有松花蛋、咸鸭蛋、包盐蛋等。

（三）鹅蛋

【特点及营养价值】鹅蛋呈椭圆形，个头较大，一般在100克以上，表面较光滑，呈白色。鹅蛋蛋白质、脂肪和糖的含量较高，维生素含量比较少。

【烹饪运用】烹饪运用和鸡蛋、鸭蛋很相似，但是鹅蛋口感比较粗糙。

（四）鹌鹑蛋

【特点及营养价值】鹌鹑蛋接近圆形，个头很小，一般 10 克左右，表面有棕褐色斑点，壳薄易碎，味道鲜美，口感细嫩。鹌鹑蛋含水量为 73%左右，蛋白质、脂肪含量高，综合营养价值比鸡蛋高。

【烹饪运用】由于鹌鹑蛋性价比较高，因此在烹饪中逐步取代了鸽蛋的地位。由于个头较小，鹌鹑蛋一般为整个使用，如“虎皮鹌鹑蛋”“白扒鹌鹑蛋”“烤香蛋”等，也是火锅、冒菜、串串的常见原料之一，也可以用于一些菜肴的装饰美化。

（五）鸽蛋

【特点及营养价值】鸽蛋呈椭圆形，个头小，一般 10 克左右，通常为白色，壳薄易碎。鸽蛋含水量高达 80%以上，口感细嫩，营养丰富，具有滋补和食疗的作用，是烹饪中珍贵的原料。鸽子产蛋以三十天左右为一个周期，每个周期产蛋两枚，极少有三枚的。

【烹饪运用】可蒸、煮、煎等，用途与鹌鹑蛋相同。

（六）野鸡蛋

【特点及营养价值】野鸡蛋是人工驯养的野鸡的母鸡所产的卵，又称为山鸡蛋，形状结构跟鸡蛋类似，颜色有褐色、浅褐色、灰色、蓝色和白色。野鸡产蛋周期为农历的三月到八月。野鸡蛋营养丰富，每百克野鸡蛋中蛋白质含量高达 12.7 克，两只野鸡蛋相当于三两鱼肉或瘦肉的蛋白质，其在人体的消化率也较高，还含有丰富的蛋氨酸，与谷类或豆类食品混合食用，可以提高后两者的生物利用率。

【烹饪运用】烹饪方法与鸡蛋相同，适合蒸、煮、煎、炸等多种烹调技法。

四、蛋品类原料的鉴别与储藏

（一）蛋品的品质鉴别

鲜蛋的品质鉴别对烹饪和加工的质量起着决定作用，鉴定蛋的品质常用感官鉴定法和灯光透视鉴定法，必要时可以进行理化鉴定和微生物鉴定。

1. 感官鉴定

感官鉴定主要是指通过人的感觉器官看、听、触、嗅等方式对蛋的品质进行鉴定的一种方式。

鲜蛋的蛋壳干净，无裂纹，无霉味，光泽鲜亮。蛋壳表层有一层胶质薄膜并附着有白色或粉红色霜状石灰质粉粒，用手触摸有粗糙感。将几个蛋在手中轻磕时有清脆的“咔咔”声，用手摇晃无响水声，掂在手中有沉甸甸的感觉，打开后蛋黄形态完好，无散黄现象，蛋清浓厚不稀薄。

2. 灯光透视鉴别

灯光透视鉴别是一种既准确又有效的鉴别方法，由于蛋本身有透光性，其质量发生变化后，蛋内容物的状态则会发生相应的变化，不同的状态，在灯光透视下有各自的特征。灯光透视时主要观察蛋白、蛋黄、系带、蛋壳、气室和胚胎等的状况，以综合评定蛋的质量。

（1）鲜蛋。蛋壳无斑点或者斑块；气室固定不移动；蛋白浓厚透明，蛋黄位居中心或略偏，系带粗浓；无胚胎发育现象。

（2）破损蛋。破损蛋包括以下几种：灯光透视下见到蛋壳有很细的裂纹，将蛋于手中磕碰时有破碎声或闷哑声则是裂纹蛋；蛋壳受到挤压使蛋壳表面有明显的局部破裂凹下去，但蛋白膜仍然完整，并不见流清的“咯壳蛋”；蛋壳破损严重、有蛋清流出的叫“流清蛋”。破损蛋容易受污染，宜尽快食用。

（3）陈次蛋。陈次蛋包括以下几种：陈蛋透视时气室较大，蛋黄阴影明显，不在蛋的中央；靠黄蛋气室大，蛋白稀薄，系带变稀变细，能明显看到蛋黄暗红色的影子，将蛋转动，蛋黄暗影始终浮在蛋的上侧；搭壳蛋气室比靠黄蛋气室进一步增大，蛋黄有少部分贴在蛋壳内表面上，蛋黄阴影明显。陈次蛋尚可食用，但应尽快，且应长时间加热，以杀死致病微生物。

（4）劣质蛋。劣质蛋包括以下几种：黑壳蛋透视时可见蛋黄大部分贴在蛋壳某部，呈现较明显的黑色影子，气室很大，蛋内透光度大大降低，往往有霉菌斑点或小斑块；散黄蛋的气室状况、蛋白状况以及透光度均不定，蛋内呈云雾状或暗红色；霉蛋透视时可发现有霉点或霉斑；黑腐蛋透视时蛋内全部不透光，呈灰黑色。劣质蛋中，黑壳蛋、散黄蛋轻度者经过高温处理均可食用，霉蛋、黑腐蛋均不可食用。

（二）鲜蛋的储藏

鲜蛋的储藏方法很多，常用的有冷藏法、石灰水浸泡法、水玻璃浸泡法等。

（1）冷藏法。

冷藏法广泛应用于大规模储藏鲜蛋，是国内外普遍采用的先进方法。根据温度和湿度的不同，冷藏期为 4 ~ 8 个月。

（2）石灰水浸泡法。

这是一种利用石灰水的澄清液保存鲜蛋的方法。鲜蛋浸泡在石灰水中，其呼出的二氧化碳和石灰水中的氢氧化钙形成碳酸钙微粒沉积在蛋壳表面，从而闭塞鲜蛋气孔，达到保鲜的目的。

（3）水玻璃浸泡法。

水玻璃浸泡法是采用水玻璃（俗称泡花碱，化学名称硅酸钠）溶液浸泡蛋的一种方法。水玻璃在水中生成偏硅酸和多聚硅酸的胶体溶液附在蛋壳的表面，闭塞气孔，达到保鲜的作用。

民间储藏鸡蛋的方法还有豆类储藏法、植物灰储藏法等。这些方法一般是将豆类或植物灰与鸡蛋分层混合放在干燥的缸内，在室温下储藏，保鲜期一般为 1 ~ 3 个月。

第二节　乳品类原料

一、乳品的概念和营养成分

乳是哺乳动物乳腺分泌的一种白色稍带黄色的不透明的微有甜味的液体。牛乳是多种成分组成的液体，根据研究至少有一百种营养成分，其主要成分及含量如下：

（一）水分

牛乳中主要组成成分是水分，约占 86%～89%，牛乳中的水分内溶解有各种有机物、无机盐和气体等。

（二）乳脂肪

乳脂肪是牛乳中重要的成分之一，其含量约占 3%～5%，乳脂肪在乳中呈球状悬浮状态，乳脂肪的组成中含有几十种脂肪酸，低熔点，易吸收。

（三）蛋白质

蛋白质在乳中含量为 3%～4%，牛乳中含有三种主要的蛋白质，其中酪蛋白的含量最多，约占 83%，乳白蛋白占 13%，乳球蛋白等约占 4%。酪蛋白中含有大量的多种氨基酸，易消化吸收，是一种完全蛋白质。

（四）乳糖

乳糖是乳品中一种特殊的糖类，乳糖在人体中被乳糖酶分解为单糖，易被人体消化吸收，此外，乳糖还能促使人体对食物中的磷和钙的吸收储存。

（五）无机盐和其他

牛乳中含有人体所必需的一切无机盐，多是以有机酸和无机酸结合的形式存在的。同时，牛乳中还含有少量的其他成分，如维生素、酶类、色素、免疫体、柠檬酸、磷脂与硬脂醇等，这些多是对人体的生长发育非常有利的物质。

二、乳的种类

在我国不同地区的饮用的主要乳种有牛乳、山羊乳、绵羊乳和马乳，但是在乳品的分类中，我们常常根据动物的泌乳阶段在进行分类，可分为初乳、常乳和末乳。下面我们以牛乳为例进行介绍：

（一）初乳

乳牛在产后一周内所分泌的乳称为初乳。初乳干物质和球蛋白含量较高，酸度也较高，在加热时易产生凝固，因此一般不作为烹饪原料使用。

（二）常乳

乳牛产后一周之后所分泌的乳液称之为常乳。常乳各种营养成分含量丰富稳定，是饮用乳和加工用乳的主要原料。

（三）末乳

末乳也称老乳，是指乳牛在干奶期所产的乳。末乳分泌量低，成分极不稳定，有些末乳带有苦味和咸味，因此在加工和饮用时需视情况而定。

三、乳品的烹饪应用

乳品是人们生活中重要的食品原料，常用来制作菜品、甜品和饮用品，一般常用的动物乳有牛乳、马乳、山羊乳和绵羊乳。牛乳的应用最为广泛。

烹饪中常以牛乳代替汤汁成菜，如“奶油菜心”“牛奶熬白菜”等，其营养丰富，奶香味浓，清淡爽口。面点中用牛乳和面粉一起制作面食，如“奶香馒头”“奶香包子”等。牛乳还可以做风味小吃的主辅原料，如北京地区的民族乳制品“扣碗酪”，云南少数民族的“乳扇”，以及牧民们经常食用的“奶豆腐”等。

四、乳品的品质鉴别与储藏

（一）品质鉴别的方法

（1）感官评定。

感官评定主要包括牛乳的滋味、气味、清洁度、色泽等。

（2）理化指标。

理化指标主要包括含脂率、蛋白质含量、杂质度、冰点、乙醇试验、酸度、温度、相对密度、抗生素残留量等。

（3）微生物指标。

微生物指标主要是指细菌总数，其他如体细胞数、芽孢数及嗜冷菌数等。

烹饪原料主要偏重于乳品的感官鉴别，主要是用眼观其色泽和状态，嗅其气味和尝其滋味。鲜乳的色泽为乳白色或略带微黄色，并呈均匀的流体，无沉淀、凝块和机械杂质，无黏稠和浓厚现象，同时还应该具有乳香，无异味。

（二）乳品的储藏

乳品保存的时间与乳品生产加工和消毒的方式有着密切的关系，目前，国内主要采用高温短时间杀菌法和超高温瞬间灭菌法生产乳品，此类方法能使乳中的过氧化氢酶失活，保持乳的良好风味。经高温短时间杀菌后，用成型的纸盒灌装，在 5 摄氏度的条件下，可以保存一到两周。如无菌灌装，则可以保存三到六周。超高温灭菌后的包装产品，在无冷藏的条件下，可保存四到六个月。

练习题

一、填空题

1. 常见的禽类蛋品主要由__________、____________和__________三部分构成。

2. 牛乳中含有人体所必需的一切无机盐，多是以____________和____________结合的形式存在的。

3. 蛋黄由____________、____________和____________的内容物构成，通常位于蛋的中心，呈球形。

二、选择题

1. 下面不属于鲜蛋的保存方法的是（　　）。

A. 冷藏法　　B. 冷冻法　　C. 石灰水浸泡法　　D. 水玻璃浸泡法

2. 蛋品中含有丰富的蛋白质，约占蛋总质量的（　　）左右（蛋壳部分除外）。

A. 12%　　B. 20%　　C. 25%　　D. 18%

3. 我们常常根据动物的泌乳阶段在进行分类，下列不属于该分类的是（　　）。

A. 初乳　　B. 常乳　　C. 鲜乳　　D. 末乳

三. 简答题

1. 简述鸡蛋在烹饪中的运用。

2. 简述蛋品的感官鉴定。

第六章

水产品类原料

学习目标

1. 了解水产品类原料的分类、名称、外形以及产地和产季。
2. 理解水产品的营养成分、组织结构和部位分档。
3. 掌握常用水产品类原料的品质特点、品质鉴别方法、烹调应用和储藏方法。

导　入

我国海岸线长，内陆江河湖泊众多，水产品种极为丰富，盛产各种鱼类。我国大量发展水产养殖，为烹饪原料提供着众多的原料。

鱼肉味道鲜美，营养丰富，肉质细嫩，易被人体消化吸收，极为适合病人、儿童和老人食用。

第一节　水产品类原料的基础知识

一、水产品类原料的分类及营养成分

（一）水产品类原料的分类

水产品类原料是指可食用的、有一定经济价值的水生动植物原料的统称。水产品的种类繁多，简单化分为海洋鱼类、淡水鱼类、其他水产品。

本书水产品类原料是指可食的、有一定经济价值的水生动物原料。

（二）水产品类原料的营养成分

水产品因品种不同，其营养成分也不相同，一般来讲，水产品的营养丰富是指其蛋白质、矿物质的含量高，不少水产品的某些营养成分超过畜禽类。

（1）蛋白质。

鱼肉中蛋白质含量一般在 15%～20%，水产品的蛋白质消化率高达 87%～89%。由于鱼类中含有胶原蛋白和黏蛋白，所以在加水炖煮后易胶化，冷却后形成鱼冻。

（2）脂肪。

鱼肉脂肪含量般为 1%～7%，低于畜禽肉，鱼类的不饱和脂肪酸较多，在常温下多呈液态，易被人体消化吸收，消化率达 95%，但不饱和脂肪酸容易氧化和腐败，所以鱼类较难保存。

（3）矿物质。

鱼肉中所含矿物质一般以钾、钙、磷，其含量为 1%～2%。鱼肉钙磷含量一般多于畜肉，海水鱼含钙比淡水鱼高，含碘尤为丰富。

（4）维生素。

鱼类食品也是维生素的主要来源之一。鳝鱼、海蟹、河蟹所含核黄素特别丰富，并含有能分解硫胺素的硫胺酶。所以，对这些鱼类应趁鲜加工烹调，防止硫胺素损失。另外，鱼应烹熟后再吃，否则会破坏其他食物中的硫胺素，故不提倡吃生鱼（还有寄生虫等原因）。海产鱼中，鳕鱼和鲨鱼的肝含有丰富的维生素 A 和 D，是提炼鱼肝油的良好原料。

（5）水分。

鱼肉中约含 80%的水分，烹调时损失 10%～30%，因此，鱼肉在烹调后仍可保持其肉质的松软，易于人体消化和吸收。但因鱼肉水分较多，容易腐败变质，故其较难保存。

（三）水产品类原料的腥味来源

氧化三甲胺是一种呈鲜物质，它主要存在于海水鱼中，淡水鱼次之。氧化三甲胺极不稳定，容易还原成具有腥味的三甲胺。鱼死后其体内的氧化三甲胺就会不断地还原为三甲胺，从而使鱼产生腥味，随着鱼的新鲜程度的不断降低，鱼体内三甲胺的成分就随之增加，鱼的腥味也就更突出。如要除去腥味，可根据三甲胺易溶于酒精，并能与醋酸中和的特性，在制作鱼类菜肴时放入适量的黄酒、食醋等调料，这样部分三甲胺随酒精受热挥发掉，另一部分则与醋酸中和生成盐类，使鱼腥味减轻。

二、水产品类原料的组织结构

水产品类原料的种类较多，较常见且应用较多的是鱼类，本部分只介绍与鱼类结构有关的情况。

（一）鱼类的体形

鱼的种关繁多，由于其生活环境、生活习性各不相同，其外表形状也不相同。烹饪中较常用的鱼，其体型大致归纳为四类。

（1）梭形。

梭形又称纺锤形，因其形似梭子故名梭形，梭形鱼体呈流线型。多数鱼属于这一类型，如鲤鱼、草鱼、黄花鱼。

（2）扁形。

此类鱼形扁平如片状故名扁形。海洋鱼类中栖息于海底的鱼，多属于这一类型，如比目鱼。

（3）圆筒形。

此类鱼形如细长的圆筒状故名圆筒形，鱼体长较细，如黄鳝、鳗鱼。

（4）侧扁形。

此类鱼形侧扁故名侧扁形，如鲂鱼、鳓鱼、鳊鱼、鲥鱼、鲳鱼。

其他还有如带形的带鱼。

（二）鱼的外表结构

（1）鳞。

鱼鳞是保护鱼体、减少水中阻力的器官。绝大多数的鱼有鳞，少数鱼已退化为无鳞。鱼鳞在鱼的体表呈覆瓦状排列。鱼鳞可分为圆鳞和栉鳞，圆鳞呈正圆形，栉鳞呈针形且较小。

（2）鳍。

鱼鳍是鱼类运动和保持平衡的器官。 根据鳍的生长部位可分为背鳍、胸鳍、腹鳍、臀鳍、尾鳍。按照鳍的构造，鳍可分为软条和硬棘两种，绝大多数的鱼鳍是软条，硬棘的鱼类较少（如鳜鱼、刀鲚、黄辣丁）。 有些鱼的硬棘带有毒腺，人被刺后，被刺部位肿痛难忍。

（3）侧线。

侧线是鱼体两侧面的两条直线，它是由许多特殊凸棱的鳞片连接在一起形成的。侧线是鱼类用来测水流、水温、水压的器官。不同的鱼类其侧线的整个形状，侧线的有无也有不同。

（4）鳃。

鱼鳃是鱼的呼吸器官，主要部分是鳃丝，上面密布细微的血管，呈鲜红色。大多数鱼的鳃位于头后部的两侧，外有鳃盖。从鱼鳃的颜色变化可以判断出鱼的新鲜程度。

（5）眼。

鱼眼大多数没有眼睑，不能闭合。从鱼死后其眼睛的变化可以判其新鲜程度。不同品种的鱼，其眼睛的大小、位置是有差别的。

（6）口。

口是鱼的摄食器官。不同的鱼类其口的部位、形状各异，有的上翘，有的居中，有的偏下等。

（7）触须。

鱼类的触须是一种感觉器官，生长在口旁或口的周围，多数为一对，有的有多对（如鲶鱼）。触须上有发达的神经和味蕾，有触觉和味觉的功能。

三、水产品类原料的烹饪应用

水产品类原料是烹饪原料中非常重要的一大类原料。它种类繁多，并且各有特点，营养价值高，质地鲜嫩，口味鲜美，所以在烹饪中应用极为广泛。

（1）水产品类原料可以作为菜肴的主要原料制作许多著名的菜肴，有的可做宴席中的大菜，如“清蒸江团”“干烧岩鲤”“清蒸大蟹”“糖醋黄河鲤鱼”。

（2）水产品类原料可以制作众多的造型艺术菜肴，菜肴更加美观，如“菊花鱼”“松鼠鱼”“灯笼鱼”“火爆鱿鱼”。

（3）水产品类原料可以做成茸泥、陷心，制作菜肴和面点，如“酿海参”“双色鱼丸”“豆汤鱼面”。

（4）许多水产品类原料适宜多种刀工成形，可整形使用，亦可切块、丁、丝、条、片等。

（5）许多水产品类原料都以口味鲜美著称，亦适宜多种口味。

（6）水产品类原料适宜于烧、爆、炒、炖、焖、炸、熘、烩、蒸、塌、煎、涮、氽、煨、煮熏、烤等几乎所有的烹调方法。

（7）水产品类原料由于刀工成形、适宜口味及烹调方法多，所以可制作众多的菜品。

第二节　常见淡水鱼类

淡水鱼类是内陆江、河、湖泊、池塘、稻田中所产鱼的统称。据统计，我国目前发现的种类有 800 余种，居世界之首。淡水鱼类根据产区和产量划分，分为经济鱼、常见鱼和珍贵鱼三大类；按习性和特征则分为有鳞鱼和无鳞鱼；根据生长环境，又分为江鱼、河鱼、湖鱼（含水库）、塘鱼、稻田鱼。这些分类既是代表了淡水鱼类不同视野的划分区别，同时又是它们习性、生长环境和产区等特性的重要区别，对于帮助我们区别各种淡水鱼和鉴别淡水鱼的品质都有着十分重要的意义。

淡水鱼品种较多，由于他们生活习性、环境条件的差异，彼此各具不同的特色和特点。一般来说，生活在生态环境较好、水质较好的活水淡水中的鱼优于其他环境中生长的淡水鱼；自然生长的又比饲养的更为鲜美。所以，我们只有了解、掌握了它们的特性，才能正确地、准确地运用和变化。常见的淡水鱼有鲫鱼、鲤鱼、草鱼、鲢鱼、鳙鱼、青鱼、鲶鱼、武昌鱼、鳜鱼、黄辣丁、乌鱼、翘嘴红鲌、岩鲤、青波、铜鱼（水密子）、罗非鱼、鲈鱼、江团、雅鱼、丁桂、裸斑、黄鳝、泥鳅。

一、鲫鱼

鲫鱼又称为鲫，古称“鲋”，别名鲋鱼、童子鲫、河鲫等。鲫鱼体侧扁，体厚而高，头短小，无须，背脊部隆起，尾部较窄，体呈银灰色，鳞小刺多，对各种水域环境有较强的适应能力。鲫鱼因分布广，生殖极繁，为我国主要经济鱼类之一。它对各种水域环境都有较强的适应生活能力，在我国除青藏高原和新疆北部无天然分部外，全国各地水域均产。它栖于江河、湖泊、池塘、稻田、沟渠等水域中，四季均产，以 1 ~ 3 月、8 ~ 12 月产者最肥，以自然生长的味最美。

鲫鱼由于体小、肉薄，一般以整鱼烹制，主要适宜于氽汤、清蒸、烧、酥炸等。例如“奶汤鲫鱼”“豆瓣鲫鱼”“葱酥鲫鱼”等。鲫鱼味甘，性温，能利水消肿，益气健脾，解毒，下乳，适用于治疗脾胃虚弱、少食乏力、呕吐或腹泻、脾虚水肿、小便不利、气血虚弱、乳汁不通、便血、痔疮出血、臃肿、溃疡等症状。感冒发热期间不宜多吃。

二、鲤鱼

鲤鱼又称为鲤拐子、毛子等，隶属于鲤科。其身体侧扁而腹部圆，口呈马蹄形，须两对，背鳍基部较长，背鳍和臀鳍均有一根粗壮带锯齿的硬棘，体侧金黄色，腹部灰白色，尾鳍下叶橙红色。鲤鱼是底栖性鱼类，我国除西部高原外，各地淡水中均产。

四川省江、河、湖泊（或水库）、池塘皆有鲤鱼，四季均产，以体重 0.5 ~ 1 千克，以 9 ~ 11 月间所产的最肥美。一般来说，江河鲤鱼品质优于湖泊或池塘生长的鲤鱼，湖泊或池塘鲤鱼又优于饲养的鲤鱼。鲤鱼肉质细嫩，味道鲜美深受食客喜爱。

鲤鱼在烹饪中运用极其广泛，适宜烧、蒸、炸、煎、熏、炖、炒、滑等烹调方法，又可加工为丝、丁、片、块、条等。体重在 0.6 ~ 0.8 千克的鲤鱼最适宜于整鱼烹制，如“干烧鱼”“糖醋脆皮鱼”“叉烧鱼”“烤全鱼”等；重量 1 千克以上的最适宜于“五香鱼条”“红烧鱼块”“鱼溪鱼”的制作等。鲤鱼的蛋白质不但含量高，而且质量也很好，人体消化吸收率可达 96%，并含有能供给人体必需的氨基酸、矿物质、维生素 A 和维生素 D 等人体所需营养元素。

鲤鱼脂肪多为不饱和脂肪酸，能最大限度地降低胆固醇，可以防治动脉硬化、冠心病。鲤鱼有补脾健胃、利水消肿、通乳、清热解毒、止嗽下气的功效，对各种水肿、浮肿、腹胀、少尿、黄疸、乳汁不通皆有治疗效果。

三、草鱼

草鱼又称为皖鱼、白鲩、草根鱼等。其身体略呈圆筒形，头部稍平扁，尾部侧扁；口呈弧形，无须；上颌略长于下颌；体呈浅茶黄色，背部青灰，腹部灰白，胸、腹鳍略带灰黄；生长迅速，个体大。草鱼肉味甘、性温、无毒，有暖胃和中之功效，是我国淡水养殖的四大家鱼之一。生活在江河、湖泊中，四季均产，大者达 1 米以上。其生殖期为 4 ~ 7 月，比较集中在 5 月间。草鱼是我国的优质饲养品种，四季均产，草鱼运用广泛，宜烧、干烧、炸、炒、熘、爆、滑等。小者常用于烹制个子鱼，如“干烧鱼”“馅子全鱼”“清蒸鲩鱼”“凉拌鱼”等；大者常用于“酸菜鱼”“豆瓣坨鱼”“茄汁鱼花”“鲜熘鱼片”等菜肴的制作。

草鱼含有丰富的不饱和脂肪酸，对血液循环有利，是心血管病人的良好食物；含有丰富的硒元素，经常食用有抗衰老、养颜的功效，而且对肿瘤也有一定的防治作用；对于身体瘦弱、食欲不振的人来说，草鱼肉嫩而不腻，可以开胃、滋补。

草鱼胆有明显降压作用，有祛痰及轻度镇咳作用，胆虽可治病，但胆汁有毒，故不宜将草鱼胆用来治病。

四、鲢鱼

鲢鱼又称为白鲢、水鲢、鲢子等，是我国四大家鱼之一，栖息于江河、湖泊、池塘的中上层，在四川省以江河出产的最好，四季均产，以冬季出产的最肥。鲢鱼外形似鳙鱼，但鲢鱼口大眼小，鱼体扁侧，腹部狭窄，鱼体呈银白色，鳞片细小，鱼头重略占体重量的四分之一。鲢鱼肉质细嫩，刺多肉薄，腥味较重。

鲢鱼是烹饪中常用的鱼类，一般来说，体重在 0.5 ~ 1 千克的鲢鱼不宜改刀，以整鱼烹制较好，如“家常全鱼”。体重在 1.5 千克的宜改刀加工成块、条、坨，如“糖醋瓦块鱼”“五香鱼条”等。

鲢鱼肉质鲜嫩，营养丰富，其中蛋白质、氨基酸含量很丰富，对促进智力发育、降低胆固醇和预防心脑血疾病具有明显作用。鲢鱼还含有大量的胶原蛋白、无机盐和维生素等。鲢鱼适用于脾胃虚寒、皮肤干燥者，对食少腹痛、缺乳、咳嗽、痈肿、痛经、肝炎、肾炎、水肿等均有良好食疗功效。虽然鲢鱼的营养价值很高，但是患有痘疹、目疾、疔疮及瘙痒性皮肤病者最好不要吃。

五、鳙鱼

鳙鱼又称胖头鱼、花鲢、大头鱼，是我国四大家鱼之一，栖息于江河、湖泊、池塘的中上层，在四川省以江河出产的最好，四季均产，以冬季出产的最肥。鳙鱼肉质优于鲢鱼，头大而圆，其重量略占体重的三分之一，肚宽背厚、体色花黑、肉质细嫩，刺多味美。

鳙鱼是烹饪中常用的鱼类，一般来说体重在 1.5 ~ 3 千克之间最适宜，在烹饪中主要适于烧、焖、炖等烹调方法，如“河鲜鱼”“鱼溪鱼”，其鱼头可单独成菜，如“砂锅鱼头”“清蒸鱼头”“剁椒鱼头”“红烧鱼头”等。

鳙鱼属高蛋白、低脂肪、低胆固醇鱼类，常食用鳙鱼对心血管系统有保护作用。鳙鱼富含磷脂及改善记忆力的垂体后叶素，特别是脑髓含量很高，常食能暖胃、祛头眩、益智商、助记忆、延缓衰老，还可润泽皮肤。鳙鱼适宜体质虚弱、脾胃虚寒、营养不良之人食用；特别适宜咳嗽、水肿、肝炎、眩晕、肾炎和身体虚弱者食用；鳙鱼性偏温，热病及有内热者、荨麻疹、癣病者、瘙痒性皮肤病应忌食。

六、青鱼

青鱼又称为乌鲩、青鲩、青根鱼等。其身体较大，长筒形，尾部稍侧扁，头顶宽平，口端位，呈弧形，上颌稍长于下颌，无须，腹部圆，背鳍短，无硬刺，体青灰色，背部尤深，腹面灰白色，各鳍均为灰黑色。青鱼味苦，性寒，无毒，主要分布于我国长江以南的平原地区，长江以北较稀少，个体大，生长迅速，为我国淡水养殖的四大家鱼之一，以初冬时期肉质最为肥美。

青鱼在烹饪中运用广泛，常用于筵席之中。在烹饪中主要运用于清蒸、烧、熘、滑、炖、炸等，也可加工成丝、片、块、条等制作菜肴，如“清蒸青鱼”“菊花鱼”“宫爆鱼花”等。

青鱼含有丰富的硒、碘等微量元素，可以延缓衰老，抗癌，营养易被人体吸收，可用于食疗；体内还含有二十碳五烯酸（EPA）与二十二碳六烯酸（DHA），EPA 具有扩张血管、防止血液凝结等作用等。青鱼适宜于缺锌者。尽管人体锌的含量很低，但如果锌的含量不足，往往会导致智商降低、精神状态不佳，还会出现生长高度不足、创伤难以愈合等病变。常吃青鱼就可以避免上述病症发生。

七、鲶鱼

鲶鱼又称鲶巴朗、年鱼，主要栖息于江河缓流的水域或水草丛生的湖泊、池塘之中，性情凶猛，四季均产。其体形似胡子鲶，但鲶鱼体长侧扁，头略扁平，光滑无鳞，口宽眼小，有两对颌须。色呈灰褐色，腹部灰白，鳍为灰黑。小者称仔鲶，大者称河鲶。不仅大量野生，而且已被人工饲养，野生的优于人工饲养的。鲶鱼以 9 ~ 11 月所产最佳，其肉质细嫩、刺少肉多、味道鲜美，野生河鲶一直被视为上品。

鲶鱼最佳食用季节在仲春和仲夏之间。鲶鱼被广泛地运用在高、中档筵席中，主要宜烧、蒸、煮等烹调方法，如“大蒜烧鲶鱼”“清蒸鲶鱼”“软烧仔鲶”“酸菜鱼头汤”等。

鲶鱼味甘，性温，有补中益阳、利小便、疗水肿等功效。鲶鱼营养丰富，每 100 克鱼肉中含水分 64.1 克、蛋白质 14.4 克，并含有多种矿物质和微量元素，特别适合体弱虚损、营养不良之人食用，老、幼、产后妇女及消化功能不佳的人最为适用。鲶鱼为发物，痼疾、疮疡患者慎食。

八、武昌鱼

武昌鱼又称边鱼、鳊鱼、团头鲂、三角鲂，主要分布于长江中下游的湖泊中，四季均产。其体高侧扁，背部隆起，头小而尖；体呈银白色或灰黑色，鳞片细小；鱼腥味小，肉质细嫩，味鲜美。鲶鱼不仅大量野生，而且已被人工饲养，野生的优于人工饲养的，以湖北鄂城所产最佳。

武昌鱼在烹饪中运用较为广泛，通常采用清蒸、烧、炸、焖等烹调方法，以清蒸最佳，如“清蒸边鱼”“红烧边鱼”等。

武昌鱼肉质细嫩，脂肪丰富，含有丰富的优质蛋白质、不饱和脂肪酸、维生素 D 等物质，一般人都可食用，老少皆宜。特别适宜贫血、体虚、营养不良、不思饮食之人食用。患有慢性痢疾之人忌食。

九、乌鱼

乌鱼又称黑鱼、乌鳢、乌棒，几乎遍布于我国各淡水水域，性情凶猛，主要栖息于水域的底层。其体长，前部呈圆筒形，后部侧扁；体灰黑色，体侧有许多不规则黑色斑纹；口大牙尖，眼较小；圆鳞紧贴鱼身。其肉厚，肉质洁白，刺少，味鲜美，被视为滋补食品，为广大群众所喜爱。

乌鱼运用极其广泛，适宜于炖、熘、爆、炒、烧、蒸等多种烹调方法，又是制作鱼糁极佳的材料，如“鲜熘乌鱼片”“清汤鱼丸”“过桥鱼片”“乌鱼汤”等。

乌鱼肉质细嫩，口味鲜美，含有丰富的蛋白质、脂肪、氨基酸、无机盐、维生素以及钙、磷、铁、锌、镁、钾、钠等多种矿物质，营养价值非常高。乌鱼有祛风治疳、利水消肿、补脾益气之功效，能辅助治疗肺炎、急性肾炎、咽喉炎等疾病，是非常好的食补和滋补食品。乌鱼尤其适合身体虚弱、低血蛋白症、贫血、营养不良、脾胃气虚人群食用。吃乌鱼还能补充大量氨基酸，能够帮助机体增强抗病能力。

十、鳜鱼

鳜鱼又称季花鱼，桂鱼、花鲫鱼、母猪壳，生活于江河、湖泊中的下层，性情凶猛。在四川省主要分布于乐山、宜宾、泸州、南充的江河中。其体侧扁、背部隆起，体背呈橄榄色，有不规则褐色斑点或斑块，腹部白色；眼大、口大，有细齿；鳞细小圆形；背鳍发达坚硬，尾鳍略呈弧形。鳜鱼肉多刺少，肉质洁白，滋润鲜美，以长江、松花江出产的最佳，四季均产。鳜鱼一般栖息于静水或缓流的水体中，尤以水草茂盛的湖泊、河段中数量最多。繁殖季节以 6 ~ 7 月为产卵盛期，四时皆有，尤以三月最肥。由于鳜鱼背鳍上的鳍棘具有毒腺，被告刺后可能引起肿痛，甚至发热，在加工时应注意。

鳜鱼主要适宜于烧、蒸、炸、熘、炖等烹调方法，如“清蒸鳜鱼”“红烧鳜鱼”等。

鳜鱼含有蛋白质、脂肪，少量维生素、钙、钾、镁、磷、硒等营养元素，肉质细嫩，极易消化。对儿童、老人及体弱、脾胃消化功能不佳的人来说，吃鳜鱼既能补虚，又不必担心消化困难。鳜鱼肉的热量不高，而且富含抗氧化成分，对于贪恋美味、想美容又怕肥胖的女士是极佳的选择。鳜鱼适合体质衰弱、虚劳羸瘦、脾胃气虚、饮食不香、营养不良之人食用，老幼、妇女、脾胃虚弱者尤为适合。有哮喘、咯血的病人不宜食用，寒湿盛者不宜食用。

十一、黄腊丁

黄腊丁又称为黄颡鱼、黄角丁、黄骨鱼等，生活于江河底层之中。在四川省主要分布长江、沱江、岷江、大渡河下游流域，夏天较为常见。黄腊丁不仅野生，而且已被人工饲养，野生的优于人工饲养的，江河生长的最佳。其形体延长，前部平扁、后部侧扁，长 10 ~ 20 厘米；体呈青黄色，体侧有不规则褐色斑纹；口大，下位须 4 对；眼小，鳃孔大；背鳍、胸鳍坚硬；全身裸露无鳞。黄辣丁刺少多脂、肉质细嫩，味鲜美，被视为上等小型食用食材。

黄辣丁宜用于烧、焖、煮、汆等烹调方法，如“红烧黄腊丁”“酸菜黄腊丁汤”。黄辣丁富含蛋白质，具有维持钾钠平衡、消除水肿、提高免疫力、调低血压、缓冲贫血的功效，有利于生长发育。其中还含有维生素、磷、铜等元素。黄辣丁可滋补健胃、利水消肿、通乳、清热解毒、止咳下气等，对各种水肿、浮肿、腹胀、少尿、黄疸皆有效。

十二、翘嘴红鲌

翘嘴红鲌又称为翘壳、翘嘴巴、翘鲌子、大白鱼等。其身体细长，侧扁，呈柳叶形；头背面平直，头后背部隆起；口上位，下颌坚厚急剧上翘，竖于口前，口裂垂直；眼大而圆，鳞小。翘嘴红鲌是以活鱼为主食的凶猛肉食性鱼类，广泛分布于我国长江中下游地区各水域。其体重一般在 0.5 ~ 15 千克，重者达 20 千克。其肉质细嫩，刺多味鲜美。此鱼不易保鲜，易肉刺分离。

翘嘴红鲌适用于清蒸、烧、熏、炖，氽汤等烹调方法，如“清蒸白鱼”“红烧白鱼”等。翘嘴红鲌为大型经济鱼类，数量较多。其肉洁白鲜嫩，营养价值较高，每百克肉含蛋白质 18.6 克、脂肪 4.6 克，多细刺，鲜食和腌制均宜。

十三、岩原鲤

岩原鲤又称为岩鲤、岩鲤巴、黑鲤鱼等。其身体侧扁，呈菱形，背部隆起成弧形，腹部圆；头小，呈圆锥形，唇厚；头部及体背部呈深黑色或黑紫色，略带蓝紫色光泽，腹部银白，各鳍均为黑色，口旁有两对短须。岩原鲤主要分布于长江中上游支流，云南分布于金沙江，重庆分布于江津、万州、长寿等。

岩原鲤为名贵的烹饪原料，不仅可用于烧，炸、熘，蒸等烹调方法，同时还加工成各种不同形状来制作菜肴，如“干烧岩鲤”“红烧岩鲤”“清蒸岩鲤”等。

岩原鲤体腔小，肉质厚，刺少，肉质细嫩，味道鲜美，含肉率高，营养丰富。其蛋白质、脂肪以及钙、磷、铁等矿物质含量丰富，历来被视为长江鱼类的珍品。

十四、中华倒刺鲃

中华倒刺鲃又称为青波、乌鳞、青板，主要分布于长江上游的干、支流的底层，四川省泸州、宜宾、南充野生较多，四季均产，现已人工饲养。其体长侧扁，头锥形；背鳍基部前有一平卧的倒刺，隐患埋于皮下；背部呈青黑色，体侧鳞片有明显的黑色边缘。中华倒刺鲃肉质细嫩，刺少味美。

烹调时常用于红烧、干烧、熘、滑、氽汤，如“红烧青波”“蘸水鱼片”“泡椒鱼”等。中华倒刺鲃有一定药效，有壮阳补中之功效，主治腰膝酸软。

十五、铜鱼

铜鱼又称为水密子、麻花鱼、芝麻鱼、尖头棒，北方称鸽子鱼，主要分布于长江上游（重庆江津、泸州、宜宾江安）和黄河某区域。铜鱼体长，前部呈圆筒形，后部侧扁，体呈古铜色而得名；头小，口呈圆弧形，鳞片细小紧贴鱼身；对水质、水温要求高，出水死亡快，至今都难以人工饲养。其肉质细嫩、糍糯鲜美，极为肥润，一直视为淡水鱼中的珍品。

铜鱼在烹饪加工中，不可去鳞，主要适合于干烧、红烧、清蒸等烹调方法，如“干烧水密子”“清蒸铜鱼”“红烧铜鱼”等。

铜鱼含肉率为68.13%，肌肉中水分含量为69.58%，肌肉干物质中粗蛋白、粗脂肪、灰分、钙、磷的含量分别为72.98%、17.10%、5.14%、0.64%、1.14%，氨基酸含量为62.27克/100克干物质，必需氨基酸与总氨基酸的比值为42.90%，必需氨基酸与非必需氨基酸的比值为75.12%，鲜味氨基酸与总氨基酸的比值为44.05%，必需氨基酸指数为71.32。

十六、江团

江团又称为鮰鱼、肥沱、肥王鱼、长吻脆等，主要分布于长江中上游，四川的主产区是泸州、宜宾、乐山等地。江团体长，腹部浑圆，尾部侧扁，唇肥眼小，有4对短须；无鳞，背部灰色，腹部白色，鳍灰黑，是生活在江河的底层鱼类。目前人工养殖获得成功，野生的优于人工饲养的。江团肉质细嫩，无细刺，脂肪多，味鲜美。江团一般1~3千克，大者5千克，为淡水鱼类的上品。

江团在烹饪中的运用较广，主要用于清蒸，也可加工成块、片、条、丝后用于烧、熘、炒等烹调方法制作菜肴，如“清蒸江团”“红烧江团”等。

江团高蛋白、低脂肪，富含多种维生素和微量元素，是滋补营养佳品。江团富含有生物小分子胶原蛋白质，是人体补充合成蛋白质的原料，以水溶液的形式储存于人体组织中，易于吸收，对改善组织营养状态和加速新陈代谢、抗衰老和美容有疗效。

十七、雅鱼

雅鱼又称裂腹鱼、细鳞鱼、嘉鱼、丙穴鱼，主要分布于岷江、青衣江上游的四川雅安段流域。雅鱼一般属底层鱼类，一般在水温较低、水流急、含氧量高的山区河流中生活。其形态大小不一，体长，稍侧扁，吻钝圆；体表鳞片小，腹鳞片较大；背鳍条非常柔弱，几乎完全分节；背部呈青蓝色，或暗灰色，腹侧呈银白色，背鳍、胸鳍、腹鳍呈青灰色，尾鳍呈红色。雅鱼四季均产，产量小，但目前也可进行人工养殖。其肉质细嫩，刺少肉多，滋味鲜美，是四川名贵的鱼类。

雅鱼在烹饪中主要适于烧、蒸、炸等制作方法，如“红烧雅鱼”“清蒸雅鱼”“糖醋雅鱼”等。

十八、丁桂

丁桂又称为丁鲹、须鱼岁、金岁鱼等。其身体略高，腹部圆，侧扁；大体呈橄榄绿色，体背侧青黑，背较深，腹接近金黄色，较圆无皮棱；体尾鳍不分叉，其他鳍则呈圆形，各鳍大部灰黑，虹彩金黄。丁桂肉质细嫩，含脂量高，无肌间刺，味甚美，蛋白质含量高，尤其是厚硕的鱼皮，有独特味道，是做生鱼皮的上好原料，有较高的商品价值。

十九、银鳕鱼

银鳕鱼又称为裸盖鱼、裸头鱼。鱼体长而稍侧扁，呈圆筒形；头尖形，口中大，上颌略长于下颌；齿细小，呈齿带，上下颌、锄骨、腭骨均具齿；体背深蓝灰色或绿灰色，体腹灰色或淡色。银鳕鱼属于冷水性底栖鱼类，宜熏、烤、炸等。

银鳕鱼身体内含有大量脂肪，食用起来肉质白细鲜嫩。其肝脏含有丰富的维生素 A 和维生素 D。银鳕鱼适合孕妇、产妇、婴幼儿、青少年、白领、中老年人食用。银鳕鱼富含“鱼油”，而鱼油的主要成分是不饱和脂肪酸，有健脑明目、增强记忆力、促进脑部发育、预防忧郁症、缓解压力、改善情绪和安胎的作用。

二十、鳝鱼

鳝鱼又称为黄鳝、长鱼、田鳗等。其体呈长管状，横断面近于圆形，从头部至尾端逐渐尖细，体表黏滑，无鳞，背侧呈棕黄色，散布深棕色斑点；离水时以口咽辅助呼吸，故出水后不易死亡。鳝鱼和一般鱼类最大的不同是它的栖息地是在水田、湖泊等泥质地。四季均产鳝鱼，以 4 ~ 6 月为旺季，6 ~ 8 月份为繁殖季节。烹调方法宜烧、煸、炖、炒等。

鳝鱼有补血、补气、消炎、消毒、除风湿等功效。鳝鱼肉味甘，性温，有补中益血、治虚损之功效，可治疗虚劳咳嗽、湿热身痒、肠风痔漏、耳聋等症。鳝鱼死后，体内组氨酸会很快转变为有毒性组胺，故不能食用死鳝鱼。

二十一、泥鳅

泥鳅又称为蝤、鱼鳅、土溜等。其体形圆，身短，皮下有小鳞片，颜色青黑，浑身沾满了自身的粘液，体背部及两侧灰黑色，全身有许多小的黑斑点。泥鳅被称为“水中之参”，栖息于沟港、湖沼、池塘、稻田的水底，四季均产，夏季最多，产卵期为 4 ~ 8 月。烹调方法宜烧、煸、炖、炒等。

泥鳅味道鲜美，营养丰富，含蛋白质较高而脂肪较低，含一种类似廿碳戊烯酸的不饱和脂肪酸，有利人体抗血管衰老，适合老年人及心血管病人食用，特别适宜身体虚弱、脾胃虚寒、营养不良、小儿体虚盗汗者食用，有助于生长发育。

第三节 常见海洋鱼类

我国海洋鱼类品种较多，有 3 080 多种，有经济价值的和分类上具有代表性的有 230 多种。海洋鱼类具有洄游的习性，一般可分为生长洄游和生殖洄游。由于鱼的洄游而形成了鱼的捕捞汛期，所以海洋鱼类捕捞一般具有较强的季节性。

我国海洋鱼类捕捞量较大的有大黄鱼、小黄鱼、带鱼、乌贼，这四种鱼被称为四大海洋经济鱼类。现对饮食行业中常用的海洋鱼类品种介绍如下。

一、大黄鱼

大黄鱼又称为大黄花、大鲜、大王鱼等。我国大黄鱼分布于南海、东海和黄海南部。大黄鱼曾为我国首要经济鱼类之一，但现在渔获量较少。大黄鱼体长，侧扁，长约 40 ~ 50 厘米；

金黄色，尾柄细长，脊椎骨 25～27 枚，肉质较松，呈蒜瓣状，细嫩鲜香，刺大。

大黄鱼出水即死，通常只有冷冻出售。优质的大黄鱼口部呈白色，近鳃部有黑色斑块，鱼体淡黄，腹部金黄，肉质结实有弹性、细嫩，呈蒜瓣状。大黄鱼含蛋白质较高，还含有钙、磷、铁、碘、维生素等，中医认为其性平，味甘，有补气开胃、添精安神、明目止痢的功效。大黄鱼的初加工从口腔中取出内脏，适于多种烹调方法红烧、清蒸、干烧、糖醋等，一般整尾烹制或进行处理。其鳔可加工成鱼肚。代表菜式有“干炸黄鱼”“生煎黄鱼”等。

二、小黄鱼

小黄鱼又称为黄花鱼、小鲜，属鱼纲石首科动物，我国产于东海南部、黄海、渤海，为我国首要经济鱼类之一。小黄鱼的体形类似于大黄鱼，但却是两个独立品种，二者区别为：大黄鱼头部较大，小黄鱼头部较长；大黄鱼眼睛较大，小黄鱼眼睛较小；大黄鱼嘴部略圆，小黄鱼嘴部略尖；大黄鱼鳞片较小，小黄鱼鳞片较大；大黄鱼尾柄较长，小黄鱼尾柄较短。

小黄鱼肉质细嫩，呈蒜瓣状，味鲜美（同大黄鱼）。营养、食用方法基本同大黄鱼。

三、带鱼

带鱼又称为刀鱼、裙带鱼、鞭鱼等，鱼纲带鱼科动物，我国南北沿海均产，为我国四大经济鱼类之一。其体侧扁，呈带形；尾细长，呈鞭状；长的有 1 米多；口大，具有锐牙；背鳍很长，胸鳍小，无腹鳍，臀鳍鳍条退化呈短刺状；鳞片退化成为体表的脂性银白色膜，初加工时不易去除，但若变黄，则表明新鲜度降低。带鱼为高脂鱼类，肉质肥嫩而鲜香，宜鲜食，常采用蒸、烧、炸、煎、熏等烹制方法，也可腌制、罐制。代表菜式有“红烧带鱼”“椒盐带鱼”“糖醋带鱼”等。

四、黄姑鱼

黄姑鱼在我国黄海、渤海、东海及南海均有分布。其外形与小黄鱼相似，一般体长 20～30 厘米，体重 300～700 克。其体长，侧扁，头钝尖，吻短钝、微突出，无骸须也无犬牙，上颌牙细小，下颌内行牙较大，骸部有 5 个小孔；体背部浅灰色，两侧浅黄色，胸、腹及臀鳍基部带红色，有多条黑褐色波状细纹斜向前方，尾鳍呈楔形。

黄姑鱼肉质较松粗，鲜美嫩滑程度远不及黄花鱼，在烹调上可代替大黄鱼使用。

五、鲐鱼

鲐鱼称为青花鱼、油桶鱼、鲭鱼等，鱼纲鲭科动物，分布于我国以及朝鲜和日本等地沿海，为主要的海产经济鱼类。其躯体呈纺锤形，长可达 60 厘米，尾柄细，背部青色，腹部白色，体侧上部具深蓝色波状条纹，第二背鳍和臀鳍后方各具 5 个小鳍尾鳍叉形。鲐的肉质坚实但粗糙，呈蒜瓣状，较高脂肪含量，味肥美略带腥酸味。可采用多种烹调方法，如红烧、清蒸、干烧等，代表菜式有“菠菜炖鲐鱼”“清蒸鲐鱼”。

鲐鱼死后，其肌肉中含量较高的组氨酸易变成组氨，可导致中毒，所以鲐鱼应干制、趁鲜食用或腌制。鲐鱼的鱼子为美味的原料，可鲜食或干制。

六、鲅鱼

鲅鱼也称为蓝点马鲛，我国沿海均产，为海产经济鱼类。鲅鱼体长，侧扁，长可达 1 米余，呈银灰色，具暗色横纹或斑点，吻尖突，口大斜裂，牙尖利，鳞细小或退化。常见的有中华马鲛、康氏马鲛、斑点马鲛。新鲜鲅鱼体背部呈青褐色有蓝色斑点，腹部呈灰白色，鱼鳍完整。鲅鱼的肉质厚实，肥嫩，有弹性，刺少，味鲜美。鲅鱼烹饪应用十分广泛，代表菜式有“红烧鲅鱼”“鲅鱼韭菜饺”等。

七、加吉鱼

加吉鱼又称为真鲷、红加吉、红立，鱼纲鲷科动物，我国沿海均产，为名贵的上等食用鱼类。其体侧扁，呈椭圆形，背鳍后延，尾鳍叉形，背鳍和臀鳍具硬棘，全身淡红，有淡蓝色斑点，尾鳍后缘黑色，头大，口小，具齿。加吉鱼肉多，刺少，且无小刺，味美，极少腥味，体被栉鳞。加吉鱼的肉质细腻而紧实，味清淡而鲜美，有“海鱼之冠”的美称，适宜于多种烹调方法，以清蒸清炖或白汁、煮汤最能体现其本味。除整尾烹制外，加吉鱼也可制鱼丸、馅心。代表菜式有“清蒸红加吉”“白汁红立”等。

八、鲳鱼

鲳鱼又称为银鲳、镜鱼、车片鱼，鱼纲鲳科动物，为名贵食用经济鱼类，我国沿海均产。鲳鱼的体侧扁而高，呈卵圆形，长可达 40 厘米；呈银灰色，头小，吻圆，口小，牙细。鲳鱼刺少而且肉质细嫩鲜美，脂肪含量高，烹饪中多整尾使用，适宜于红烧、红焖、清蒸、熏烤、煎炸等。代表菜式有“红烧鲳鱼”“糟醉鲳鱼”“清炖鲳鱼”等。

九、比目鱼

比目鱼为鱼纲鲆科动物，我国沿海均产，为重要的海产，名贵鱼类之一。比目鱼的身体侧扁，呈长圆形，两眼均在体的左侧，有眼的一侧呈褐色，具暗色或黑色斑点，无眼的一侧呈白色，口大，左右对称，鳞细小，背鳍和臀鳍被鳞；肉质细嫩而洁白，味鲜美而丰腴刺少，高档食用鱼类。可用于多种烹调方法，也可干制、腌制、罐制。

十、鳕鱼

纯正鳕鱼指鳕属鱼类，分为大西洋鳕鱼、格陵兰鳕鱼和太平洋鳕鱼。通常的鳕鱼的概念扩大到鳕科鱼类，有 50 多种，它们中大多数分布于大西洋北部大陆架海域，重要鱼种有黑线鳕、蓝鳕、绿青鳕、牙鳕、挪威长臂鳕和狭鳕等。鳕鱼是全世界年捕捞量最大的鱼类之一，具有重要的食用和经济价值。

鳕鱼又称为大头鳕、石肠鱼、大头鱼等，鱼纲鳕科动物，我国产于黄海、渤海和东海北部。鳕鱼体长，稍侧扁，头大，口大，上颌略长于下颌，尾部向后渐细、颈部的触须长等于或略长于眼径，两颌及犁骨均具绒毛状牙；体被细小圆鳞易脱落，侧线明显，背鳍 3 个，臀鳍 2 个，各鳍均无硬棘，完全由鳍条组成；体色多样，从淡绿或淡灰到褐色或淡黑，也可为暗淡红色到鲜红色；头、背及体侧为灰褐色，并具不规则深褐色斑纹，腹面为灰白色。

鳕鱼可以用多种方式进行烹制，蘸调味汁食用味道尤为鲜美。鳕鱼可被制成鱼肉罐头、鳕鱼干或腌熏鱼，鳕鱼子可新鲜食用，也可熏制或腌制。鳕鱼的舌头和肝脏也可食用。黑线鳕通常用来熏制或腌制，小鳕鱼通常被制成鱼干。

十一、鲈鱼

鲈鱼，商品名为海鲈鱼，又称花鲈、七星鲈、鲈鲛，地方名有寨花、鲈板、四肋鱼等。鲈鱼主要分布于中国、朝鲜及日本的近岸浅海；中国沿海均有分布，喜栖息于河口，亦可上溯江河淡水区。国内以东海舟山群岛、黄海胶东半岛海域产量较多，为经济鱼类之一，也是发展海水养殖的品种。鲈鱼一般鲜食为主，其肉质坚实洁白，肉多刺少，肉味蒜瓣型，韧性强，不易碎。鲈鱼适宜清蒸、红烧、炸、炒等多种烹调方法，除整条外还可加工成片、丝、茸泥等，口味上也适应多种调味。

十二、海鳗

海鳗也称狼牙鳝、牙鱼等。其体狭长，可的有 1 米以上，呈亚圆筒形，后端侧扁，银灰色，无鳞光滑，口大，牙大而尖锐。其背鳍和臂鳍与尾鳍相连，无腹鳍。海鳗喜在海底栖息，性凶猛，是肉食性鱼。海鳗在我国沿海均有分布，为重要经济鱼类，浙江沿海和黄海南部沿岸产量较多。该鱼纯属海洋鱼类，终生不进入淡水水域，以冬至前后捕捞最为适宜。海鳗是重要的食用经济鱼类，肉质细嫩，含脂肪最高，鱼肉多，刺少，肉质细嫩洁白，味鲜美。其鳔可做鱼肚，为名贵食品。

海鳗多以焖、炖、蒸等烹调方法制作菜肴，可加工成鱼段、鱼块，亦可剔下鱼肉制成鱼片或茸泥，制馅尤美。在口味上以突出本身鲜美为主。著名的菜肴及面点有“清蒸鳗鱼”“清炖鳗鱼”“油浸鳗鱼”“鳗鱼水饺”等。

十三、石斑鱼

石斑鱼主要产于东海和南海，特别是北部海湾及广东沿海，产季为每年 4 ~ 7 月，是暖水性的大中型海产鱼类。石斑鱼主要以天然野生为主，越大肉越嫩，养殖的鱼体形较小，一般市场上供应的体重多为 0.5 ~ 1 千克。其肉细嫩厚实，无肌间刺，味鲜美。我国南方石斑鱼种类颇多，常见的有红点石斑鱼、青石斑鱼和网石斑鱼，都可供食用。石斑鱼肉质娇嫩，味道鲜美，是上等食用鱼类。

石斑鱼适用于多种烹调方法，如清蒸、红烧等。其肉剔下后可制成鱼丸或馅心。石斑鱼是福建、广东菜中的常用原料，在国际上也是经济价值较高的鱼类。著名菜点有广东菜“麒麟石斑鱼”，福建菜“蓬莱过鱼”“包心鱼圆”等。

石斑鱼蛋白质的含量高，而脂肪含量低，除含人体代谢所必需的氨基酸外，还富含多种无机盐和铁、钙、磷以及各种维生素、鱼皮胶质的营养成分，对增强上皮组织的完整生长和促进胶原细胞的合成有重要作用，被称为美容护肤之鱼，尤其适合妇女产后食用。

十四、沙丁鱼

沙丁为英文 sardine 的音译词。沙丁鱼是世界重要的鱼类之一。沙丁鱼体侧扁，银白色，臀鳍最后两鳍较宽大。我国主要有广东、福建沿海产的金色小沙丁鱼和北部沿海产的寿南小沙丁鱼。沙丁鱼肉味鲜美，易于炸制，亦可做汤，还是制作罐头食品的原料，它还有较好的健脑作用。

十五、金枪鱼

金枪鱼，华人世界一般称为吞拿鱼，广东又称其为青干，产于我国的东海和南海。春夏为金枪鱼的捕捞期。金枪鱼肉赤红，富含脂肪，肉质细嫩，味鲜美，肉多刺少。在烹调中刀功成形可切块、条、茸泥等；烹调方法多以炸、熘、烧、焖等方法为主；亦可制作面点馅心。

金枪鱼中含有丰富的 DHA、EPA、牛磺酸，能减少血液中的脂肪，利于肝细胞再生。经常食用金枪鱼食品，能够提高肝脏的排泄功能，降低肝脏发病率。金枪鱼肉低脂肪、低热量，还有优质的蛋白质和其他营养素。

第四节　其他动物水产品

一、常用的淡水蟹类——大闸蟹

大闸蟹的中文学名为中华绒螯蟹，又称河蟹、毛蟹、大闸蟹等。其头胸甲呈圆方形，后半部宽于前半部；背为蟹壳青，青得发亮；体近圆形，头胸甲背面为草绿色或墨绿色，腹面灰白，腹部平扁；蟹螯上的绒毛密而软，毛色清爽，显黄色。大闸蟹广泛分布于南北沿海各地湖泊，其中以长江水系产量最大，是一种经济蟹类。其产卵期为每年 3 ~ 5 月，以秋季肉质较为丰满。烹调方法宜蒸、煮、炸、烧、焖，还可作为面点馅心等。

大闸蟹肉极其鲜美，营养丰富，但死螃蟹忌食之。其中蛋白质、碳水化合物较为丰富，此外，还含有维生素 A、核黄素、烟酸，其发热量超过一般鱼类的营养水平。食用大闸蟹对皮肤的角化有帮助，对儿童的佝偻病、老年人的骨质疏松也能起到补充钙质的作用。

虚寒、皮肤敏感、胆固醇过高等人士和孕妇不宜吃，蟹切忌半生熟吃，切忌与柿子、啤酒和冰冷食物同吃。另外，大闸蟹内脏都不宜吃，因其内脏积聚重金属，多吃易中毒。

二、常用的淡水虾类

（一）青虾

青虾又称沼虾、河虾。其体形粗短，整个身体由头胸部和腹部两部分构成；体表有坚硬的外壳，头胸部各节接合，由一大骨片覆盖背方和两侧，叫作头胸甲或背甲；头胸部粗大，腹前部较粗，后部逐渐细而且狭小；体色通常呈青蓝色并有棕绿色斑纹，但常随着栖息环境而变化。青虾只分布于中国和日本淡水水域中，具有繁殖力高、适应性强、食性广的特点。其产卵期以 6 ~ 7 月最为旺盛，烹调方法宜炒、炸、爆、煮等。

青虾营养丰富，且其肉质松软，易消化，对身体虚弱以及病后需要调养的人是极好的食物；青虾中含有丰富的镁，镁对心脏活动具有重要的调节作用，能很好地保护心血管系统，可减少血液中胆固醇含量，防止动脉硬化，同时还能扩张冠状动脉，有利于预防高血压及心肌梗死；青虾的通乳作用较强，并且富含磷、钙，对小儿、孕妇尤有补益功效。

（二）草虾

草虾又称斑节对虾、黑壳虾。其身体呈青绿色，带有棕色斑纹，外壳很薄且较软。由于该虾喜欢栖息于水草场所，故称其为草虾。草虾具有生长快、食性杂、广盐性、养殖周期短、个体大、产量高等特点。草虾适合中老年人、孕妇和心血管病患者，肾虚阳痿、腰脚瘙弱无力之人，中老年人缺钙所致的小腿抽筋者食用；宿疾者、正值上火者不宜食虾；患过敏性鼻炎、支气管炎、反复发作性过敏性皮炎的老年人不宜吃虾；虾为动风发物，患有皮肤疥癣者忌食。

（三）罗氏沼虾

罗氏沼虾又称淡水长臂大虾、马来西亚大虾、白脚虾等，素有“淡水虾王之称”。其体肥大，青褐色；每节腹部有附肢 1 对，尾部附肢变化为尾扇；头胸部粗大，腹部起向后逐渐变细；头胸部包括头部 6 节，胸部 8 节，由一个外壳包围。罗氏沼虾主要产于我国南方，其在 16 摄氏度以下时，行动迟缓，逐步死亡，因此在我国适宜的养殖时间只有 4 ~ 5 个月。烹调方法宜焖、煎、溜、炒等。

对吃虾过敏及患有过敏性疾病的人，如过敏性鼻炎、过敏性皮炎、哮喘患者，应慎食。

（四）巨型淡水龙虾

巨型淡水龙虾是已知最大的淡水无脊椎动物。其头胸部较粗大，外壳坚硬，色彩斑斓，腹部短小，体长一般在 40 厘米左右，体重 2.5 千克左右，是龙虾类中最大的一类，人称龙虾虎。其身体呈粗圆筒状，背腹稍平扁，头胸甲发达，坚厚多棘，前缘中央有一对强大的眼上棘，有封闭的鳃室。巨型淡水龙虾主要分布于热带海域，分布零散、小扰动区域，是名贵水产品，每两年繁殖一次，产卵期为夏天。

（五）小龙虾

小龙虾俗称淡水小龙虾、蝲蛄、螯虾等。其表面明亮，虾身硬挺，肉质结实，腹部的绒毛和爪上的毫毛白净整齐为好。小龙虾现广泛分布于长江中下游各省市，每年 6 ~ 8 月形体最为“丰满”，是人们享用的最佳时机。烹调方法宜烧、煮、卤和制成泥茸等。

龙虾肉洁白细嫩，味道鲜美，富有弹性，高蛋白，低脂肪，营养丰富，还具有药用价值，能化痰止咳、促进手术后的伤口生肌愈合。但对吃虾过敏及患有过敏性疾病者应慎食。

三、水陆两栖类

（一）甲鱼

甲鱼又称为鳖、团鱼、王八等。其体扁平，呈椭圆形，头粗大，前端尖而光滑，呈三角形，头尾及四肢伸展在硬甲之外，遇敌受惊可缩入由骨甲组成的硬壳内；背腹有骨质合成的硬甲，背甲周缘微内凹，具肥厚柔软的结缔组织，俗称“裙边”。甲鱼主要生活在湖泊、池塘、水库、三角湾和流动缓慢的河里，四季均产，以 6 ~ 7 月所产最肥。烹调方法宜红烧、清蒸、炖等。

甲鱼含有丰富的蛋白质、脂肪、铁、钙、动物胶、角质白及多种维生素等。加工时一定要宰杀活甲鱼，死甲鱼有毒不能食用。

甲鱼适宜体质衰弱、肝肾阴虚、骨蒸劳热、营养不良之人食用；适宜肺结核及肺外结核低烧不退之人食用；适宜慢性肝炎、肝硬化腹水、肝脾肿大、糖尿病以及肾炎水肿之人食用；适宜各种类型的癌症患者及放疗、化疗后食用；适宜干燥综合征患者食用；适宜高血脂、动脉硬化、冠心病、高血压患者食用；适宜低蛋白血症患者食用；适宜脚气病患者食用。

（二）牛蛙

牛蛙又称喧蛙、菜蛙、食用蛙等。其皮肤通常光滑，无背侧褶，吻部宽圆；背部变化从绿色至棕色均有，但多为绿色；通常杂有棕色斑点，有时有灰色或棕色的网状花纹；腹面白色，有时有灰色斑，在成体的喉部，常常有黄色条纹。牛蛙生活于池沼、水田等处，产卵期为春末夏初，成体共需 4 ~ 5 年。烹调方法宜烧、炒、爆、煲等。

牛蛙的营养十分丰富，是一种高蛋白质、低脂肪、胆固醇极低、味道鲜美的食品。牛蛙还有滋补解毒的功效，消化功能差或胃酸过多以及体质弱的人可以用来滋补身体。牛蛙可以促进人体气血旺盛，精力充沛，滋养壮阳，有养心、安神、补气之功效，有利于病人的康复。

（三）石蛙

石蛙又称棘胸蛙、石蛤、石蛤蟆等。其体大而粗壮，头扁而阔，成蛙体长 10 ~ 13 厘米，个别达 15 厘米；体色各异，有的石蛙背面呈黑色，黑色背部有白色中线，此外，还有棕黄、暗红、花色等不同的类型。其身体都可分为头、躯干和四肢，颈部不明显。石蛙主要分布在云南、贵州、安徽、江苏、浙江等，繁殖季节在 5 ~ 9 月。

石蛙肉味鲜美，是我国传统食谱中营养成分和药用保健价值最高的食用蛙类，富含高蛋白、多种维生素和矿物质。石蛙的肉味甘，性平，入肺、胃、肾经，有健脾消积、滋补强壮的功效，用它来治疗消化不良、食少虚弱等症状。

（四）林蛙

林蛙又称哈士蟆、哈什蚂、雪蛤等。其体背多为土黄色，一般在疣上散有深色斑，背侧褶在鼓膜上方向外侧弯曲。林蛙广泛分布于中国北部，4 月中至 5 月初为繁殖季节。

林蛙是一种营养丰富的动物，含有丰富的蛋白质、氨基酸、微量元素、维生素和矿物质，对机体的生长发育、延缓衰老和健康强壮诸方面都有较强的促进作用。其最主要的作用是作为药用。

林蛙有补肾益精、养阴润肺、滋补强身、抗疲劳、抗衰老的功效，可治疗肾亏劳损、神经衰弱、心慌失眠、溢汗不止、身体虚弱等一切消耗性疾病。

（五）鳄龟

鳄龟又称鳄鱼龟、大鳄龟、鳄甲龟等。其长相酷似鳄鱼，其头部较粗大，脖短而粗壮，领背长有褐色肉刺，眼细小，嘴巴上下颌较小，尾巴尖而长，棱上长有肉突刺，背壳很薄，上皮以棕褐色为主，背部具有三条模糊棱，并有放射状斑纹，后缘呈齿状，腹部白色，四肢粗壮。鳄龟分布于北京、上海、江苏、浙江、江西等地，繁殖期为初春。

鳄龟出肉率居龟类之首，肌肉的蛋白质含量高，还含有水分、糖、脂肪等营养物质。其肉细腻香酥鲜美且无异味，滋补作用十分明显。

鳄龟特别适合产后进补、贫血失眠和脑力衰退者食用，龟板有消肿作用，适合癌症引起的阴虚、血虚体征。鳄龟的头也都有一定的药用价值。

第五节　水产品类原料的品质鉴别及储藏

一、水产品类原料的品质鉴别

（一）鱼类的品质鉴别

鱼类的品质取决于鱼的新鲜程度，一般情况下人们都是用感官鉴别的方法来观察鱼外观特征的变化，因而判断鱼类是否新鲜，方法如下：

（1）鱼鳃。

新鲜鱼的鳃盖紧闭，鳃丝清晰呈鲜红色，黏液较少呈透明状，无异臭味；不新鲜鱼的鳃盖松弛，呈褐色或灰白色，有污秽的黏液，带有腐臭气味。

（2）鱼眼。

新鲜鱼的眼球饱满突出，角膜透明清亮，有弹性，黑白分明，没有充血发红的现象；不新鲜鱼的鱼眼色泽灰暗，眼球塌陷或干瘪，角膜皱缩或有破裂。

（3）鱼鳞。

新鲜鱼的鳞片有光泽且与鱼体贴附紧密，不易脱落，有透明、无异味的少量黏液；不新鲜鱼的体表暗淡无光，表面附有污秽黏液，鳞片与鱼皮脱离贻尽，具有腐臭味。

（4）体表。

新鲜鱼的表皮黏液较少，腹部不膨胀，腹色正常，指压下的凹陷能立即恢复；不新鲜鱼的黏液较多，腹部膨胀，鱼背较软，指压后的凹陷不能完全恢复，且有异味。

（5）鱼肉。

新鲜鱼的肉质坚实有弹性，无异味，肌肉切面有光泽，肋骨与脊骨处的鱼肉组织结实；不新鲜鱼的鱼肉组织松软，无弹性，肋骨与脊骨极易脱离，鱼肉有异味。

冰冻鱼的鱼体发硬，色泽光亮与鲜鱼一般的鲜艳，体表清洁，肛门紧缩，眼球饱满凸出，角膜透明，洁净无污物，体型完整无缺。

（二）虾的品质鉴别

虾的质量优劣，是通过感官根据虾的色泽、体表、肉质等方面来鉴别的。

（1）色泽：新鲜虾皮壳发亮，呈青绿色或青白色；不新鲜的虾皮壳发暗，原色变为红色或灰紫色。

（2）体表：新鲜虾的虾体清洁，头尾完整，爪须齐全，有一定的弯曲度，壳硬，虾身较挺；不新鲜的虾，头尾容易脱落或离开，不能保持原有的弯曲度。

（3）肉质：新鲜虾的肌肉组织坚实紧密，手触弹性好；不新鲜虾的肌肉组织很松弛，手触弹性差。

（三）蟹的品质鉴别

新鲜蟹腿肉坚实、肥壮有力，用手捏有硬感，脐部饱满，分量较重，反应机敏，动作快速有力，外壳呈青色，发亮，腹部发白。

不新鲜蟹腿肉空松、瘦小，分量较轻，反应迟钝，动作缓慢而软弱无力，背壳呈暗褐色或暗灰色，肉质松软。蟹以活蟹肉质鲜美，死蟹不宜选用，以免引起食物中毒。

二、水产品类原料的储藏

（一）鱼类的储藏

（1）活养。

活养法是指储存鲜活的水产品，要求鱼池干净、宽阔，根据鱼的品种选用不同的水质，适时换水，保证水质清洁，最好使用循环水，适当增加氧气，不同种类的鱼尽量分别装入不同的鱼池。

（2）冷藏。

对已经死去的各种鱼类，储存方法一般以冷藏为主。冷藏时应先对鱼进行初步加工，去净鳞、腮、内脏等，用清水冲洗干净，沥干水分再进行冷藏。冷藏温度一般控制在-4 摄氏度以下，如数量较多且冷藏时间较长，温度宜控制在-20 摄氏度左右。冷藏时注意不宜堆叠过多，保证冷空气能进入每个部位。

（二）虾蟹的储藏

1．虾的储藏

活虾一般用水池养，活养时要根据不同种类分别调节好水温、水量等，水池要保证清洁，氧气要充足。死虾一般采用冷藏法，冷藏时要先在容器里放一层冰块，将虾拉直整齐的堆放在冰上，表面再铺一层冰，然后将容器密封好放入冷藏室。

2．蟹的储藏

蟹一般很容易死亡，死蟹不宜食用。储存蟹时，一般须用容易敞风、漏气的容器，装好蟹后用湿草席覆盖，每天定时用清水喷洒 2 ~ 3 次，随时保持容易湿润。养蟹忌蚂蚁和烟灰。

练习题

一、填空题

1. 鱼类的品质鉴别主要是从＿＿＿＿＿、＿＿＿＿＿、＿＿＿＿＿、＿＿＿＿＿、＿＿＿＿＿等几个方面鉴别其新鲜程度。

2. 新鲜鱼的眼球＿＿＿＿＿＿，角膜＿＿＿＿＿＿，有＿＿＿＿＿，＿＿＿＿＿分明，没有＿＿＿＿＿＿的现象。

3. 鳝鱼死后，体内＿＿＿＿＿＿会很快转变为有毒性组胺，故不能食用死鳝鱼。

4. 氧化三甲胺主要存在于＿＿＿＿＿＿鱼当中。

二、选择题

1. 以下必须活宰烹制的是（　　）。

A. 鲤鱼　　B. 鳝鱼

C. 鲫鱼　　D. 草鱼

2. 以下属于四大家鱼的是（　　）。

A. 草鱼、青鱼、鳙鱼、鲢鱼　　B. 鲤鱼、鲫鱼、青鱼、草鱼

C. 黑鱼、鲤鱼、鳙鱼、鲢鱼　　D. 鳝鱼、草鱼、鲫鱼、鲢鱼

3. 鲶鱼以（　　）月最佳。

A. 3 ~ 5　　B. 5 ~ 7

C. 7 ~ 9　　D. 9 ~ 11

三、判断题

1. 对虾因雌雄配对而成名。（　　）

2. 龙虾死后肉质发生变化，不可食用。（　　）

3. 草鱼产季为每年 4 ~ 7 月，是冷水性的大中型海产鱼类。（　　）

4. 鳙鱼又称胖头鱼、花鲢、大头鱼，是我国四大家鱼之一。（　　）

四、简答题

1. 怎样鉴别新鲜的鱼？

2. 怎样鉴别受到污染的鱼类？

3. 鱼类产生腥味的主要原因是什么？去腥的常用办法是什么？

4. 简述大黄鱼和小黄鱼的区别。

第七章

干货制品类原料

学习目标

1. 了解干货制品类原料的概念、品质要求及常用干货制品类原料品种的名称、产地、产季和上市季节。

2. 理解干货制品类原料的性质特点、营养成分、品种的性质特点及鉴别方法和保管方法。

3. 掌握干货制品类原料的分类及烹调应用。

导　入

远古时期，先民们把猎获的食物晾晒或烤干，储存后食用，此法一直沿用至今。还有古代行脚商行走贩卖将各地特产带至他乡，然而因为南北山川阻隔、菏泽难越，加之储存不便，为杜绝腐坏、便于储运，便将各地特产晒干、腌制，制成干货，故此产生南北干货一说，南北干货行业也得以延传至今。而今天的干货不论在货色还是品种上，都比过去丰富得多。现今人们常用的干货约有数百种，从高档品到普通品，品种繁多。干货也因其原料独有的干、硬、老、韧、脆及成品的食味自然、清爽嫩滑、鲜香甜美、品质高雅等特质，越来越受到酒店及大众的青睐。尤其以鱼翅、海参、鲍鱼、燕窝等为代表的高档干货原料成为高档宴席不可缺少的烹饪原料。

第一节　干货制品类原料的基础知识

一、干货制品类原料的概念及营养成分

（一）干货制品类原料的概念

干货制品类原料是指鲜活的动植物原料、菌藻类原料经过脱水干制而成的原料，简称干货原料。干货制品类原料中不少为名贵的山珍海味，是烹饪原料的一大组成部分，一些干货原料由于风味独特、营养成分特殊而成为烹饪技术的重要研究对象。

（二）干货制品类原料的营养成分

干货制品类原料与鲜活原料相比，所含营养成分种类基本保持不变，但含水量少。由于原料的性质不同，干燥的情况也不完全相同，一般来讲，动物性干货原料含水量较少，植物性干货原料含水量较多。

（1）动物性干货制品主要富含蛋白质、脂肪、矿物质等成分。

（2）植物性干货制品主要含有蛋白质、维生素、矿物质及少量的脂肪。

（3）菌藻类含有丰富的碳水化合物、维生素、矿物质和有机磷及一些抗癌活性物质。

（4）干货制品营养价值高，有的是名贵的食疗食品和滋补品。如有的动物性干货制品主要含有高蛋白质、矿物质，有的能养肺阴、补虚精，有的能补血等。如有的植物性干货制品含有大量碘，对防止因缺乏碘而引起的甲状腺肿大有良好的效果。菌类含有大量的维生素、无机盐和有机磷及一些抗肿瘤物质，对人体具有润肺、生津、提神、益脑、抗衰老、消疲劳、防癌、治癌之功效。所以这些干货制品对人体的健康有一定的保健作用，成为人们最喜爱的食品之一。

二、干货制品类原料的干制原理及方法

（一）干货制品类原料的干制原理及目的

新鲜的动植物原料都含有较多的水分，极易使微生物迅速生长繁殖，致使原料腐败变质；原料中的分解酶，在水分较大的情况下，也会加速食品的自溶腐败，造成了保管和运输的困难。为了延长保存期，有利于市场供应，人们将新鲜的动、植物原料采用晾、晒、烘等脱水的方法制成干货制品，以保证原料品质不受影响。通过脱水干制后的原料，不易变质，重量减轻，大大地方便了运输和储存。对于季节性较强的原料，其干制品还可调节市场供应。有的原料经干制后，还能增加特殊风味，扩大菜肴品种。

根据微生物和分解酶的特性，对鲜活原料采取干制脱水的方法，使其原有的新鲜组织变紧，质地变硬，抑制了微生物的生长繁殖，降低了分解酶对原料的分解能力，基本保持烹饪原料原有的品质和特点。

（二）干货制品类原料的干制方法

（1）晒。

晒是利用阳光辐射，使原料受热后，水分蒸发、体积缩小的一种自然干制方法，也是一种最简单、最普遍的干制方法。该方法适用于各种原料的干制，在使原料脱水干制的同时，还能用阳光中的紫外线杀死细菌，起到防腐的作用。

（2）晾。

晾又叫晾干、风干，是将鲜活原料置于阴凉、通风、干燥处，使其慢慢地挥发水分、体积缩小、质地变硬的一种脱水方法。它适合体积较小的新鲜原料，且必须要在干燥的环境下进行，否则原料极易感染细菌而霉烂变质。

（3）烘。

烘是人为地利用熏板、烘箱、烘房以及远红外线产生的对流热空气，使鲜活原料内部的水分快速挥发的脱水方法。因其不受时间、气候、季节的限制，故适合各种原料的干制。

三、干货制品类原料的分类及特点

（一）干货制品类原料的分类

干货制品类原料的种类繁多，特点各异，分类方法较多。按传统方法分，干货制品可分为山珍类、海味类和一般干货制品三类；按其原料性质分，干货制品可分为动物性干货制品和植物性干货制品两大类；按其原料鲜活时生长的环境分，干货制品可分为陆生干货制品和水生干货制品。本书根据原料生长环境和性质分类，大体分为四大类：陆生植物性干货原料、陆生动物性干货原料、动物性海味干货原料、菌藻类和植物性海味原料。

（二）干货制品类原料的特点

（1）水分含量少，便于运输、储存。

由于原料的性质不同，干燥的情况也不完全相同。一般来讲，动物性干货制品含水分较少，植物性干货制品含水分较多。不过，无论哪种原料的脱水标准，都应该为最小极限。由于干制后的原料不易变质，大大方便了运输和储藏，沿海地区的海味可销往国内外许多城市，山区的珍品可运往海滨，冬季的干货制品可储存到夏季，既调节了市场供应，又可促进商品流通。

（2）组织紧密，质地较硬，不能直接加热食用。

这是干货制品类原料的显著特点。因此，在烹调之前，有一个重新吸水、恢复原有鲜嫩松软状态的涨发过程。由于原料的品种、来源、干制方法的不同，其涨发方法也不相同，所以干货制品涨发技术是干货制品菜肴烹制的关键。

（3）干货制品类原料都具有干、硬、老、韧的特点，特别是动物性干货制品尤为突出。

四、干货制品类原料的烹饪应用

干货制品类原料在烹饪中应用广泛，必须经涨发后使用，既可做菜肴的主料，又可做菜肴的辅料，有一些干货制品原料更是菜肴制作过程中重要的调味品。

部分动物性干货制品类原料在菜肴制作中只做主料，且用量少，一般不做辅料使用，如燕窝、鱼翅、鲍鱼、海参等。

燕窝、鱼翅、鲍鱼、海参在烹调中做宴席的第一道菜使用时，该宴席分别名为“燕窝席”“鱼翅席”“鲍鱼席”“海参席”。

玉兰片等干货制品是重要的辅助原料。

海米、虾子、蟹肉在烹调中起增加鲜味的作用。

部分干货制品类原料本身无鲜味，在制作菜肴时要注意赋予鲜味，如燕窝、鱼翅、海参、驼峰、驼蹄、蹄筋等。

第二节　陆生植物性干货原料

常用陆生植物性干货制品的品种主要有玉兰片、笋干、贡菜、干黄花菜等。

一、玉兰片

玉兰片是鲜嫩的冬笋或春笋的干制品，形状和色泽很像玉兰花的花瓣，故得此名。

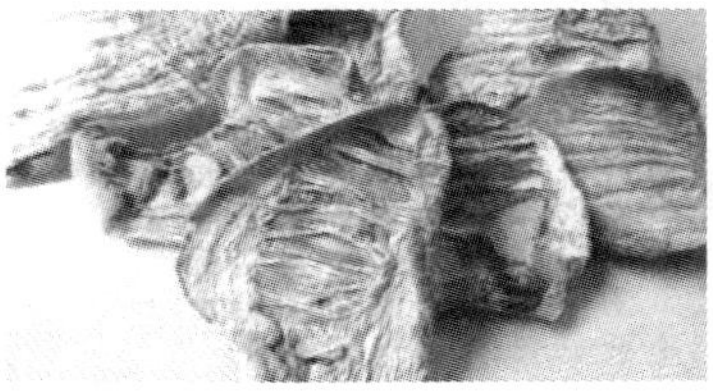

图 7.1　玉兰片

【别　　名】玉兰片在干制过程中，过去用硫黄（磺）熏制的称为磺片；现已不准用硫黄熏制，未经硫黄熏制的称为干片。

【外　　形】形状和色泽都很像玉兰花的花瓣，呈玉白色，片形短，中间宽，两端尖。

【产　　地】主要产于浙江、福建、湖南、湖北等地。

【产季及品种特点】玉兰片鲜品按采收时间的不同，分为尖片、冬片、桃片、春片四种。尖片又称笋尖，是用立春前的冬笋尖制成的，片长 6 ~ 8 厘米，表面光洁，色泽淡黄，质极细嫩，为玉兰片中之上品。冬片是用立冬至立春之间尚未出土的笋加工干制而成的，长 8 ~ 12 厘米，宽 3.2 厘米左右，质鲜嫩肥厚，次于尖片。桃片又称桃花片，是在惊蛰至清明间用刚出土或尚未出土的春笋加工而成的，长 12 ~ 15 厘米，宽 5 ~ 6.5 厘米，形状弯似桃花，肉薄较嫩，质次于冬片。春片是用清明至谷雨期间采掘出土的春笋经加工制成的，长不超过 20 厘米，质老节少，纤维粗，质次于桃片。

【选料原则】玉兰片以色泽黄白、片身短、肉厚、笋节紧密、质嫩无老根、笋面洁、身干无焦斑、无霉变、无虫蛀者为上品。

【烹调应用】玉兰片是笋类干制品中的珍品，使用前要涨发。其应用广泛，刀工成形时可切成丝、片、丁、块、条等；做主料时适于烧、炒、烩等烹调方法；可制作“虾子烧玉兰片”“玉兰片炒肉”“凉拌玉兰片”等。玉兰片因其易刀工成形，无特殊滋味，适于多种烹调方法，故是较理想的辅料，上至山珍海味，下至普通原料，皆可与其搭配成菜。

【营　　养】每 500 克玉兰片可提供热量 900 千焦、磷 145 毫克、钙 210 毫克、铁 18 毫克、钾 330 毫克。

二、干笋子

干笋子是鲜笋经水煮、压榨、晒或烘烤、熏制而成的。

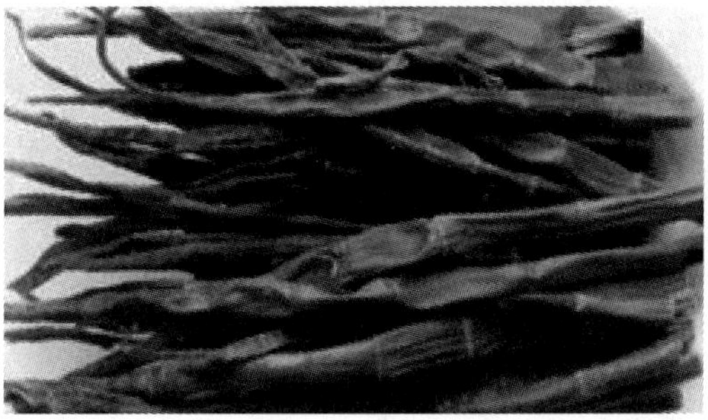

图 7.2　干笋子

【产　　地】我国产笋地区很广，大批量加工笋干的有福建、江西、浙江等省，其中福建的产量和质量均居首位。湖南、安徽、四川、云南、贵州等省亦有加工。

【产　　季】制笋干所用的鲜笋以清明节前后的为佳，福建等地区挖笋期可长达 45 天。

【品　　种】笋干的品种很多，一般福建、浙江所产多为白笋干，江西产的多为烟笋干，其他为烟笋干和乌笋干。白笋干的制作要经削笋、煮笋、榨笋、晒笋四道工序。乌笋干则在压榨后烘焙制成。烟笋干则是把鲜笋对劈两片，经烧煮后，放入竹篓内，压去水，晒干或利用烧板的余热熏干。

【选料原则】品质好的笋干色淡黄或褐黄，有光泽，质嫩，有清新的竹香味，根薄，干燥，硬如竹片，片形整齐（乌笋干和烟笋干要求乌黑，香味足），无虫蛀，无霉烂，无火焦片。

【烹调应用】笋干须经水涨发后使用，它是大众化的干菜。刀工成形时多切成丝、片等，多作铺料使用，烧汤、炒菜时荤素皆宜。代表菜式有“干笋子烧牛肉”“干笋子烧排骨”等。市场供应的鲜玉兰片及笋干较少，也有较多的罐头笋制品，它具有的优点是：鲜嫩、不用涨发、省时、省力、使用方便，所以很受欢迎。

【营　　养】笋干性微寒，味甘，有清热消痰、利膈健胃的功效。

三、干黄花菜

干黄花菜是由鲜黄花菜的花蕾干制而成的，亦称金针菜。

【产　　地】黄花菜的产区很广，南北各地均有栽培，以湖南、江苏、浙江、湖北、四川、陕西、甘肃、安徽、河南等省产量较多。

图 7.3　干黄花菜

【选料原则】干黄花菜品种很多，黄花菜以身干、色黄亮、身条长而粗壮、条杆均匀、肉厚、无霉烂变质、无虫蛀、无杂质、无熟条、开花菜不超过 1%者为上品。

【烹调应用】鲜品经过采摘、蒸制、烘晒加工制干而成。干黄花菜经涨发后使用，可作荤素菜肴的配料，还可制汤，可制作“金针肉”“金针炖土鸡”等菜肴。

【营　　养】黄花菜含多种维生素、矿物质。中医认为黄花菜有健脑、安神、镇静、安眠、缓解晕船症状等功效。

四、贡菜

贡菜又叫苔干、苔菜、苔子。贡菜和茎用莴笋近似，基干瘦高，窄叶互生，加工方法独特，先去叶，再削皮，剖条，要求剖条要刀刀笔直、粗细均匀，再晾晒干。

图 7.4　贡菜

【产　　地】安徽涡阳地区出产。

【烹调应用】苔干涨发，可用 35 摄氏度左右的温水浸透 2 小时即可加工。代表菜式有“苔干羊肉丝”“凉拌贡菜”“火锅贡菜”等。

【营　　养】贡菜含有丰富的营养，含铁量和纤维素较高，有利于贫血病人和肠道病人的治疗，常人食用也能起到美容健体功效。

【品质特点】白绿分明，香溢鲜美，口感脆嫩。

五、干豇豆

干豇豆是新豇豆用开水煮 1 分钟左右，让豇豆变更绿些而且软下来，沥干豇豆水分，再晾晒干而制成。

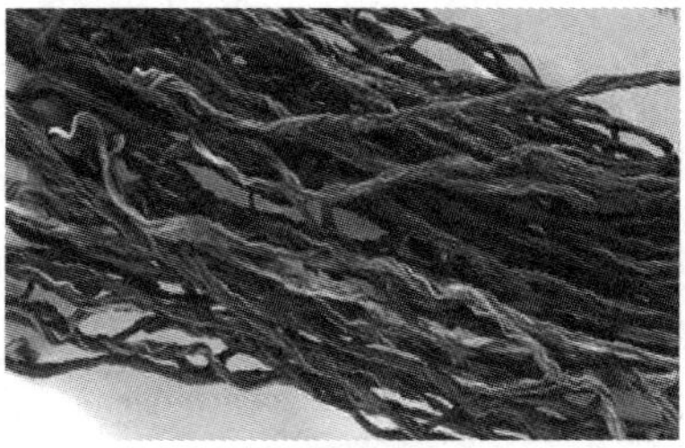

图 7.5　干豇豆

【产　　地】四川、江西等多地均有制作。

【选料原则】选用干脆、无发霉、无虫蛀者为佳。

【烹调应用】干豇豆提前泡好，一般泡 2 个小时左右，如果用热水，需 40 分钟左右。代表菜式有“干豇豆炒腊肉”“干豇豆蒸肉”等。

【营　　养】与鲜豇豆相近。

六、干蕨菜

干蕨菜又叫拳头菜、猫爪、龙头菜。干蕨菜即蕨菜脱水后的干制品，新鲜蕨菜置于沸水中 2 ~ 3 分钟（不盖锅盖）取出，再晒干。储存时用塑料袋密封，忌置于高温下。

图 7.6　干蕨菜

【产　　地】中国大部分地区均有，喜浅山区向阳地块，多分布于稀疏针阔混交林，其食用部分是未展开的幼嫩叶芽。

【烹调应用】蕨菜味道鲜美，有野菜之香，营养丰富，深受人们的喜欢。干蕨菜提前用温水泡发，至菜干变软，沥干水分，切寸段备用。烹调方法多种多样，可与肉或其他蔬菜配料烧、拌、炒、炖、蒸等。代表菜式有“蕨菜炒腊肉”“凉拌蕨菜”等。

【营养价值】富含胡萝卜素、维生素、蛋白质、脂肪、糖、粗纤维、钾、钙、镁、乙酰蕨素、胆碱、甾醇，此外还含有 18 种氨基酸等。

第三节　陆生动物性干货原料

陆生动物性干货制品是指有选择地将陆生动物或陆生动物的某一部分组织，经过脱水干制而制成的原料。这类原料虽品种不多，但有些却是宴席中的高档烹饪原料，在烹饪中占有一定的地位。

动物性陆生干货制品包括干肉皮、蹄筋、驼峰、驼蹄、鹿筋、鹿尾、哈士蟆油等。

一、干肉皮

干肉皮是将鲜猪肉皮晒干而成的。

图 7.7　干肉皮

【别　　名】皮肚。

【品质特点】皮坚而厚，体表洁净无毛，白亮无残余肥膘。

【选料原则】肉皮的质量因不同的部位而有差别。猪后腿皮及背皮坚硬厚实，涨发性好，质量最好。其他部位的皮质量较差。此外，无论什么部位，体表洁净无毛、白亮无残余肥膘、无虫蛀、干爽、敲击时声音清脆者质量均较好，反之质量均较次。如已发霉，并有哈喇味，即已变质。

【烹调应用】干肉皮经涨发后，可切丝、片等形状，适宜于拌、烧、扒等烹调方法，可制作“拌皮丝”“烧皮肚”“扒皮肚”等菜肴。干肉皮本身无鲜味，在制作菜肴时要注意赋予鲜味。

【营　　养】干肉皮富含胶质。

【储　　藏】储存环境应通风、透气、干燥、凉爽，避免阳光的照晒，要注意防潮。

二、蹄筋

蹄筋是由猪、牛、鹿的前后蹄中抽出的筋干制而成的。其中，鹿蹄筋的品质最好。

图 7.8　蹄筋

【品质特点】蹄筋前端呈分叉的圆条状，质硬、白色。

【选料原则】从后蹄中抽出的筋长而圆壮，质量好；从前蹄中抽出的筋短而扁细，质量差。保存完好的蹄筋应呈白色，无虫蛀，无杂毛，干硬度高。

【烹调应用】干品使用前须油发或盐发。蹄筋在烹调中应用较广泛，经涨发后，做主料宜干烧、扒、拌、制汤等烹调方法，可制作“芥末蹄筋”“红烧蹄筋”“扒蹄筋”“奶汤蹄筋”等菜肴。蹄筋本身无鲜味，在制作菜肴时要注意赋予鲜味。

【营　　养】蹄筋富含胶质。

【储　　藏】储存环境应通风、干燥、凉爽，避免阳光的照晒，要注意防潮。

三、驼峰

驼峰是骆驼背部的肉峰，是营养储存器。骆驼背部隆起像山峰状的部分，里面储藏了大量脂肪，可供维持正常行动，因此骆驼可以较长时间不吃食物。同时集中聚集在一处的脂肪可以使骆驼的体温保持恒定，而不会使身体各处过度发热。

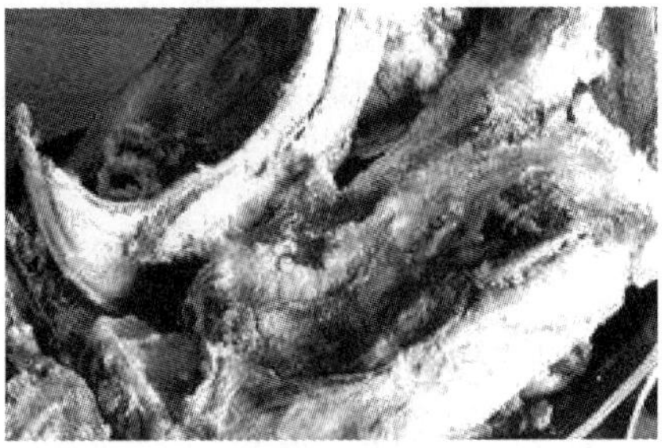

图 7.9　驼峰

【品质特点】驼峰由胶质脂肪构成，质地柔嫩丰腴，似脂肪但不腻，似胶质却较密致。

【产　　地】驼峰产于新疆、青海、内蒙古等地。

【选料原则】驼峰中的雄峰称为甲峰，肉红，半透明，质嫩，为上品；雌峰称为乙峰，肉色白，质老，品质较差。

【烹调应用】驼峰干货制品须经涨发后使用。驼峰在烹调中刀工成形较多，可切块、条、片、丝；多做主料，适宜于炒、爆、扒、炸、烧等多种烹调方法；驼峰本身无鲜味，在烹调时要注意赋予鲜味。驼峰可制作“清炒驼峰丝”“油爆驼峰”“白扒驼峰”“酥炸驼峰”等菜肴。

【营　　养】驼峰含有丰富的胶原蛋白和脂肪组织。

【储　　藏】去掉泥土，放入木箱装好，放在通风干燥处，或置于石灰罐内储藏。应经常检查，发现蛀虫，立即除去或烘炕处理，予以驱杀。

四、驼掌（驼蹄）

驼掌是骆驼的四只脚掌，其形如盘状软垫。

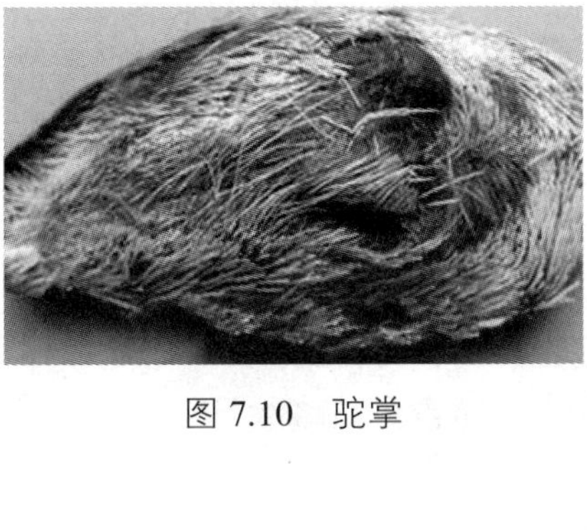

图 7.10　驼掌

【产　　地】同驼峰。

【品质特点】骆驼主要产于内蒙古荒漠草原地带。骆驼全身都是宝，尤以驼掌最名贵。驼掌即四只大似蒲团的软蹄。因为它是骆驼躯体中最活跃的组织，故其肉质异常细腻，富有弹性，似筋却柔软。驼掌的味道极为鲜美，食之可强筋壮骨。驼掌营养丰富，历来就与熊掌、燕窝、猴头菇齐名，是中国四大名菜之一。古代宫廷御膳用的“北八珍”，驼掌即为其中一珍。驼掌形如盘状软垫，干货制品质硬，表皮有毛。

【烹调应用】干货制品须涨发后使用。驼蹄在烹调中刀工成形可切块、条、片等状，适宜于烧、扒、烩等烹调方法。驼蹄本身无鲜味，制作菜肴时要注意赋予鲜味，可制作“扒驼掌”“红烧驼掌”“清炖驼掌”等菜肴。

【营　　养】驼蹄富含胶质，质同熊掌。

【储　　藏】储存环境应通风、透气、干燥、凉爽，避免阳光照晒，要注意防潮。

五、哈士蟆油

哈士蟆油是雌哈士蟆输卵管的干货制品，并非脂肪。哈士蟆学名为中国林蛙，是两栖动物蛙类。雌性哈士蟆体长约 90 厘米，外形似青蛙。哈士蟆是生长于中国东北林区的一种珍贵蛙种，与熊掌、猴头菌、飞龙并称东北“四大山珍”。由于其冬天在冰封的河流、雪地下冬眠 100 多天，故又称“雪蛤”，学名东北林蛙，简称林蛙。每只哈士蟆肚子里有一粒胶囊，似膏似油，里面储存着能量，冬天，当雪地里找不到东西吃时，哈士蟆就靠肚子里的胶囊维持生命，这只活命的胶囊就是输卵管。哈士蟆皮肤颜色随四季而变化，秋季为褐色，夏季为黄褐色。

图 7.11　雪蛤

【产　　地】哈士蟆主要产于我国东北长白山区、黑龙江尚志市、内蒙古等地区。

【产　　季】以秋季捕捉的雌性哈士蟆取其输卵管干制者为佳。

【品质特点】哈士蟆油形状大小不一，呈不规则的胶质块状，颜色洁白或黄白色，有脂肪样光泽。其味微甘，嚼之微有黏滑感，摸之有滑腻感。

【选料原则】以金黄色或淡黄色、块大而整齐、有光泽、半透明、干净、干燥、无膜、无皮肉、无卵粒等杂物者为佳。

【烹调应用】哈士蟆油是珍贵的烹饪原料，干货制品须经涨发后使用。在烹饪中多做主料使用，适宜于汆、烩等烹调方法。调味可甜可咸，可制作“山楂雪蛤鲍鱼汤”“冰糖炖雪蛤”等菜肴。

【营　　养】哈士蟆油也是珍贵的中药材，有良好的滋补作用。其营养成分主要是蛋白质，脂肪占 4%，糖分约占 10%，含有少量的磷、维生素 A、维生素 B、维生素 C、维生素 D 等及多种激素，被称为动物人参。中医认为哈士蟆油具有润肺养阴、化精添髓、补脑益智、平肝养胃、抗衰驻颜、健脑益智、延缓衰老的作用，用于身体衰弱、产后气虚、肺痨咳嗽、内分泌失调等。

【储　　藏】暂时性的保存，只需将其放在阴凉、通风、干燥处，如遇潮湿天气，可装于塑料袋内放入冰箱保存。裸放于无霜冰箱内保存最佳，由于无霜冰箱散失水分的影响，在保存的同时，也有风干的作用，待天晴时再取出保存。较长时间的保存，可将其密封于食品袋内或放入密封瓶内，并放入干燥剂或生石灰袋吸潮。

第四节　动物性海味干货原料

一、鱼翅

鱼翅是用鲨鱼、鳐鱼的鳍制成的干货制品。主要食用鳍中的软骨。

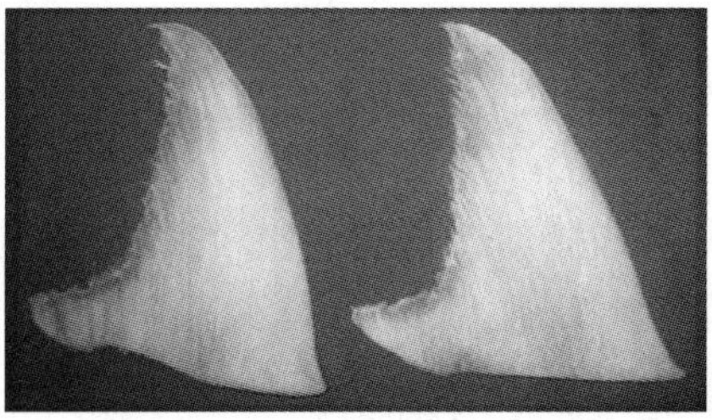

图 7.12　鱼翅

【别　　名】鲨鱼翅等。

【产　　地】鱼翅主要产于广东、福建、台湾、浙江、山东及南海诸岛，进口品也很多。

【分类及品质特点】鱼翅的种类很多，目前尚无统一的分类方法，一般用以下几种分类方法。

（1）按鱼鳍的部位分：

① 背翅。用背鳍制作的，又称披刀翅、脊翅等；呈三角形，有少量肉；翅长而多，质量最好。

② 胸翅。用胸鳍制作的，又称青翅、划翅、翼翅；呈长三角形，凸面青色，凹面黄白色；肉多翅少，质量中等。

③ 臀翅、腹翅。用臀鳍、腹鳍制作的，又称荷包翅；呈钝三角形；质量同胸翅。

④ 尾翅。用尾鳍制作的，又称尾勾翅、勾尖等；呈鱼尾形；肉多骨多，翅短而少，质量最次。

（2）按加工情况分：

① 原翅。没有经过去皮、去肉、退沙的原翅。原翅又分为咸水翅和淡水翅。

咸水翅是用盐水浸后晒干制成的，味咸，不耐储存；淡水翅是用淡水漂洗晒干制成的，色较白，耐储存，质量好。

② 明翅。将新鲜鱼鳍加工，去骨，去沙，留少量肉，经压平干燥而成，色白微黄，可直

接蒸煮或涨发使用。它又分大明翅、中明翅、小明翅。

③ 净翅。以小杂翅或零星鲜鳍为原料，经加工后取得净翅，色洁白、翅筋粗壮，透明或半透明，可卷曲。它又可分为翅饼、翅砖、翅针。

此外，按鱼的种类还可分为鳐鱼翅、鲨鱼翅；按颜色可分为黄翅、灰翅、青翅、白翅、黑翅、混色翅；按形态分为排翅、散翅、翅尖。另外，还有进口品种吕送黄、金山黄等。

【选料原则】鱼翅的质量，以背鳍为最好。翅中有一层肥肉膘样的肉质体，翅针层层排列在肉内，胶质丰富，翅针颜色金黄、明亮、软糯、有韧性。没经加工的原翅，以体形大、翅板厚实、翅身干燥、表面洁净、边缘无卷曲、翅棍短净、无虫蛀、无异味者为佳品。

选择鱼翅可从鱼翅本身的质量来鉴定，有几种情况。

（1）熏板：是在干制的过程中由于受潮湿气候或冬季低温的影响，无法自然干燥，因而采用炭火烘干，此类鱼翅质地坚硬，色泽灰暗，涨发时不易退沙。

（2）油根：是因干制不及时或保管不当，割翅刀口处的残肉发生腐烂，呈紫红色，并有臭气味，需去掉才能使用。

（3）夹沙：是在捕获鲨鱼时或在加工时，不慎将鱼翅破损，沙粒进入翅内，干货制品破损处有较深的皱缩，此种鱼翅在涨发时很难除净翅内的沙粒，只有取出翅针作散翅用。

（4）弓线：是指鱼翅中细长的芒骨，不能食用，必须在涨发时除去，芒骨越多，质量越差。

（5）石灰筋：是涨发后翅针中有白色如石灰的物质，坚硬，无法食用，须去掉，一般翅形大，翅筋较粗者易见。

【烹调应用】鱼翅是珍贵的烹饪原料，在烹调中常做宴席的头道菜使用。以鱼翅为头道菜的宴席称为“鱼翅席”。使用鱼翅时须经涨发后再行烹制。鱼翅为海味珍品，但本身无鲜味，所以赋予鲜味是制作鱼翅菜肴中相当重要的内容，一般在涨发后期，就需加入某些调味品，使其既达到涨发的目的，又增加鱼翅的鲜味。鱼翅在制作菜肴时基本保持原状，多作主料使用，适宜于扒、烧等烹调方法，可制作“白扒鱼翅”“烧鱼翅”“红扒鱼翅”“蟹黄鱼翅”“鱼翅捞饭”等菜肴。

【营　　养】鱼翅蛋白质含量较高，可达 80.5%，但是蛋白质中缺少色氨酸，是不完全蛋白质。现代医学研究表明常食鱼翅对心血管疾病有一定的防治作用。中医认为鱼翅味甘咸，性平，有益气、开胃、补虚的功效。

【注意事项】鱼翅本身无鲜味，在制作菜肴时要注意赋予鲜味。

【储　　藏】鱼翅的保管要注意防虫蛀、防受潮。特别是咸水翅易吸潮气，尤应注意：储存前应充分晒干，保管时要注意干燥、通风，一旦发现受潮，应立即晒干。发现虫蛀时，应晒干并拍打鱼翅，倒出蛀虫，一般虫蛀后，不宜继续存放，要尽快食用。

【知识拓展】谭家菜以燕窝和鱼翅的烹制最为有名。其保留了翰林府家庭制作方法，鱼翅是全凭温水泡透、发透，决不用火碱急发，以免破坏营养成分。凡传统中国菜，都需用厨师精心吊制的高汤来烹制，尤其是鱼翅类山珍海味。谭家菜吊汤是用整鸡（农家散老母鸡）、整鸭、干贝、火腿按比例下锅，用火工两日，将鸡、鸭完全熬化，溶于汤中，过细箩，出醇汤，将鱼翅放入汤中，用文火靠上一日，整个鱼翅烹制过程需三日火工。这样焖出来的鱼翅，汁浓，味厚，吃着柔软濡滑，极为鲜美。在谭家菜中，鱼翅的烹制方法有十几种之多，如“三丝鱼翅”“蟹黄鱼翅”“砂锅鱼翅”“清炖鱼翅”“浓汤鱼翅”“海烩鱼翅”等。其中以“黄焖鱼翅”最为上乘。这道菜选用珍贵的黄肉翅（即吕宋黄）来做，讲究吃整翅，一只鱼翅要在火上焖几个小时。谭家鱼翅菜金黄发亮，浓鲜绵润，味厚不腻，口感醇美，余味悠长。

二、鱼皮

鱼皮是指鲨鱼皮及鳐鱼皮的干货制品。海鱼皮以体厚身干，皮上无肉，洁净无虫伤者为好。鱼皮分雌雄两种，具有胶质，营养和经济价值较高。

图 7.13　鱼皮

【品质特点】鱼皮经涨发后糯软滑润，胶质丰富，稍有韧性。

【选料原则】鱼皮按其加工精度可分为两种：一种是未去沙的，鱼皮质硬，较厚，表面布满沙粒，不平整，鲨鱼皮呈灰色或灰黑色，鳐鱼皮呈黄褐色，这一种在涨发时要先去沙；另一种是经去沙洗涤的干货制品，其鱼皮较薄，光洁，呈半透明状，淡黄色，使用时较方便，可直接涨发。

【烹调应用】在烹调中多切成块状使用，多作主料，适宜于扒、烧、烩等烹调方法，可制作“红烧鱼皮”“白扒鱼皮”等菜肴，多用于高档宴席。

【注意事项】鱼皮由于本身缺乏鲜味，所以在制作菜肴时要注意赋予鲜味。

三、鱼唇

鱼唇是用鳊鱼、鲨鱼、鳐鱼等鱼的唇部软肉干制而成的

图 7.14　鱼唇

【产　　地】我国福建、广东、浙江、山东、辽宁等沿海均产鱼唇，其中以福建、浙江产量最多。

【选料原则】鱼唇皆为淡干货制品，以干燥体大、有光泽、有透明感、干净、无残污、无虫蛀者为上品。

【烹调应用】鱼唇须涨发后才能使用，涨发后的鱼唇质地脆软兼具，柔嫩腴美，细腻适口，

胶质丰富，为宴席中的上品。鱼唇做主料适宜于扒、烧、烩等烹调方法，可制作“白扒鱼唇”“红扒鱼唇”“红烧鱼唇”等菜肴。

【注意事项】鱼唇本身无鲜味，在制作菜肴时要注意赋予鲜味。

四、鱼肚

鱼肚为大中型鱼类的鳔的干制品，如大黄鱼、鳇鱼、鮸鱼、鮰鱼等。鱼肚富含胶质，又称鱼胶。

图 7.15　鱼肚

【产　　地】我国鱼肚主要产于浙江、福建、广东等省沿海。

【品质特点】鱼肚因鱼种不同，形状、大小、质地也不同。

（1）黄唇肚：是用黄唇鱼的鳔加工而成的，椭圆形，扁平，有两根长约 20 厘米、宽约 1 厘米的胶条，淡黄或金黄色，有光泽、半透明，波纹明显。整肚长约 26 厘米、宽约 19 厘米、厚约 0.8 厘米。黄唇肚为鱼肚中之上品，质量好，但产量少。

（2）鮸鱼肚：以鮸鱼的鳔干制而成，呈椭圆形、片状，凸面略有波纹，凹面光滑，色淡黄，有光泽，半透明。鮸鱼肚一般长约 22 厘米，宽约 17 厘米，厚约 0.6 厘米。

（3）黄鱼肚：以大黄鱼的鱼鳔干制而成，又称大黄鱼肚。其中体厚、片大者为提片，质量最好；体小者为吊片；几片小鱼肚搭在一起成为大片晒干的为搭片。

（4）毛鲿肚：以毛鲿鱼的鳔干制面成。雄的形如马鞍，色淡红，有皱纹，体厚，涨发率高；雌的形略圆，平展，质薄，涨发率低。

（5）鳗鱼肚：以海鳗的鳔干制而成，呈圆筒形，细长，薄空，两端尖似牛角，淡黄色，质较次。

（6）鳇肚：是以鳇鱼的鳔或胃加工制成的，形大体厚，色淡黄或深黄，有皱纹。此鱼肚稀少珍贵。

（7）鮰鱼肚是指长江所产的鮰鱼的鳔干制而成，湖北石首所产的称笔架鱼肚，是鮰鱼肚的珍品。

另外还有广肚，是指产于广东、广西、海南、福建沿海一带的鮸鱼肚、毛鲿肚的统称。

【选料原则】鱼肚以干净、无血筋、色淡黄或黄、明亮透明、片大整齐、干燥、无虫蛀者为佳。

【烹调应用】鱼肚要涨发后才能使用。鱼肚为珍贵海产品，在烹饪中多作为主料使用，适宜于扒，烧、烩和制汤等烹调方法，可制作“鱼肚粥”“白扒鱼肚”“烧鱼肚”“奶汤鱼肚”等菜肴。

【注意事项】鱼肚本身无鲜味，在制作菜肴时要注意赋予鲜味。

五、鱼骨

鱼骨以鳇鱼的鳃脑骨、鼻骨或鲨鱼、鳐鱼等软骨鱼类的头骨、鳍基骨等部位的软骨加工干制而成。

图 7.16　鱼骨

【别　　名】因质地晶莹透明，又称明骨。

【产　　地】鲨鱼、鳐鱼软骨干制成的明骨产量较高，主要产于浙江、福建沿海。

【选料原则】鱼骨以鳇鱼的脑骨质量较好。鱼骨白色或淡黄、有光泽、坚硬者为好。发红、发黑质量较次。

【烹调应用】鱼骨须涨发后使用，多作为主料，适宜于烧、烩等烹调方法，还可制汤，可制作“烧鱼骨”“奶汤鱼骨”“清汤鱼骨”等菜肴。鱼骨有柔滑脆嫩的口感。

【注意事项】鱼骨本身无鲜味，在制作菜肴时要注意赋予鲜味。

六、鱼子

鱼子是大马哈鱼、鳇鱼、鲱鱼等鱼的卵加工干制成的。

图 7.17　鱼子

【分类及品质特点】鱼子分为普通鱼子和高级鱼子。普通鱼子有鲐鱼子、大黄鱼子、鲳鱼子等；高级鱼子有大马哈鱼子、鳇鱼子、鲱鱼子等。

大马哈鱼子，色鲜红，又称红鱼子，形似大豆，颗粒上有黏液，半透明，主要产于黑龙江、乌苏里江。

以鳇鱼的卵加工干制成的鱼子为“黑鱼子”，色黑褐，形似绿豆大小的圆粒，外附黏液，晶亮半透明。鳇鱼子产于黑龙江。黑鱼子的营养价值高于红鱼子。

鲱鱼子是以鲱鱼卵加工而成的，色泽金黄，晶莹半透明，有“黄色钻石”之称。鲱鱼子产于山东半岛及黄海沿岸。

【烹调应用】鱼子经加工后在烹调中多做冷菜凉拌使用。鱼子在西餐中应用较广，可做开胃小吃，可抹在面包上直接食用，也可因其色泽有红、黑、黄色，光亮，用作菜肴的装饰。将加工好的鱼子搅拌成抽稠糊状的则为鱼子酱。

【营　　养】鱼子营养价值高，含有丰富的蛋白质、脂肪，并含有丰富的维生素 A，特别是黑鱼子含有卵磷脂，对神经组织有补养的功效。

七、鱼信

鱼信是鲨鱼、鳇鱼等鱼类脊髓的干货制品。

图 7.18　鱼信

【品质特点】色白、呈长条状，质脆嫩。

【烹调应用】经涨发后可制作“扒鱼信”“蟹黄鱼信”“氽鱼信”等菜肴。

【注意事项】鱼信本身无鲜味，在制作菜肴时要注意赋予鲜味。

八、金钩

金钩是用海产的白虾、鹰爪虾等加工干制而成，多为煮干品。

图 7.19　金钩

【别　　名】开洋、海米、虾干（大金钩）等。

【产　　地】我国沿海均产。

【品质特点】金钩肉质细密，鲜味浓郁。

【选料原则】海米以形体完整、大小均匀、干燥、咸度低、光洁无壳、弯如钩、味鲜美、鲜艳有光泽者为佳品。

【烹调应用】金钩在烹调中应用广泛，是制作菜肴的上好原料。金钩主要是做辅料，起增加鲜味的作用，可用于拌、炝、扒、烧、炖、蒸、熬等烹调方法，也可用于汤菜，可制作“金钩拌黄瓜”“金钩炝芹菜”“金钩扒油菜”“金钩烧白菜”“金钩冬瓜汤”等多种菜肴。本身无鲜的海参、蹄筋、豆腐、白菜等原料，加入金钩可增加菜肴的鲜美滋味。金钩还可作面点的馅心，加入面条、馄饨的汤中作为鲜味调味品使用。

【营　　养】金钩含蛋白质、钙、磷、铁等。中医认为金钩味甘咸，性平，有补肾、下乳的功效。

九、虾子

虾子是鲜虾卵经清洗后干制而成的。

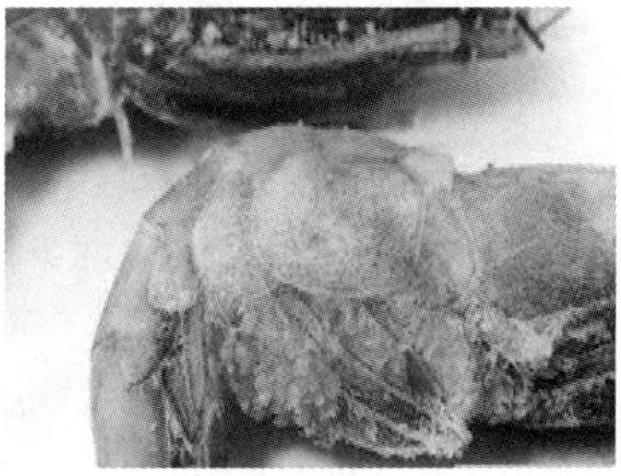

图 7.20　虾子

【产　　地】虾子主要产于山东、江苏、河北沿海及河湖地区。

【品质特点】其色暗红，形小如小米粒，味鲜美。

【选料原则】虾子有海虾子和河虾子。海虾子比河虾子鲜味浓，质量好。虾子以无杂质、干燥、颗粒松散、色泽鲜艳、有光泽、鲜味浓者为佳品。

【烹调应用】虾子在烹调中，主要起提鲜的作用，特别是与某些本身鲜味不足的原料搭配，以增加菜肴的鲜美滋味。虾子可制作“虾子烧海参”“虾子烧蹄筋”“虾子烧玉兰片”“虾子烧豆腐”等菜肴。

十、蟹肉

蟹肉是指海蟹肉的干货制品。

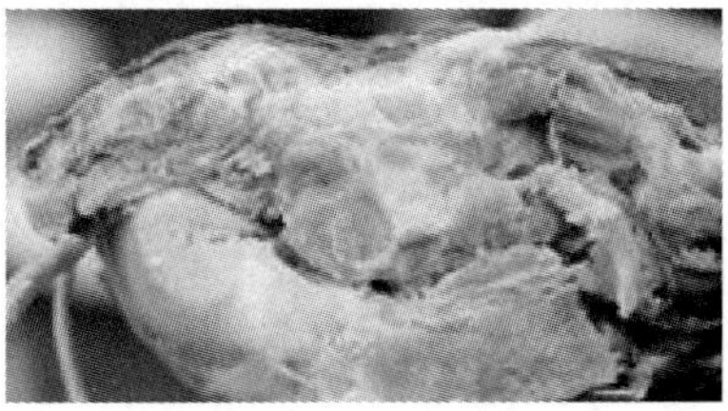

图 7.21　蟹肉

【产　　地】我国辽宁、河北、山东、浙江、福建沿海均产。
【品质特点】蟹肉味鲜美，色淡黄。
【烹调应用】在烹调中主要用以提鲜。

十一、海蜇

海蜇为海产大型水母类干货制品。

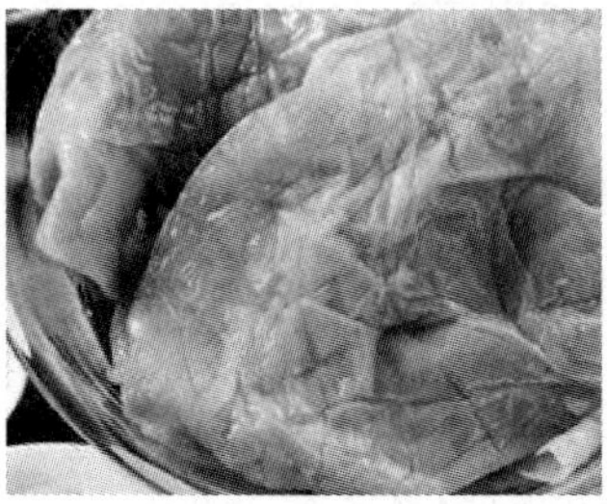

图 7.22　海蜇

【产　　地】海蜇主要产于天津北塘、浙江、福建、山东沿海。我国南北沿海均产。

【品质特点】海蜇分为伞部和口腕两个部分。鲜海蜇用明矾、食盐加工处理后，伞部称为蜇皮，口腕部称为海蜇头。产于浙江、福建沿海的海蜇称为南蜇，产量高，质量好，片大脆嫩，水分少，色黄白。产于天津北塘的海蜇称为北蜇，皮薄而脆，个小色白，质量较差。

【选料原则】海蜇皮以片大、完整、黄白色、无血丝、无泥沙，脆嫩者为上品；海蜇头以完整均匀、米黄色稍有淡红色、光亮、松脆、无泥沙及夹杂物者为佳品。

【烹调应用】海蜇经涨发后使用，在烹调中多做主料，适宜做冷菜，也可做热菜，适宜于拌炝、炖等烹调方法。刀工成形上，蜇头多为块、片，蜇皮可切丝。海蜇可制作“拌海蜇”“蜇皮鸡丝”“芙蓉海底松”等菜肴。其质感可分为脆嫩与酥松两种。

【营　　养】海蜇含有蛋白质、无机盐、维生素等营养成分，特别是含碘量较高。中医认为海蜇性平，味咸，有清热解毒、化痰软坚、消积、润肠通便的功能，常食对高血压还有一定的疗效。

十二、干贝

干贝是软体动物瓣鳃类闭壳肌干货制品的统称。

图 7.23　干贝

【产　　地】干贝主要产于辽宁、山东、浙江沿海，以山东石岛、长岛所产最佳。

【品质特点】干贝呈短圆柱状，淡黄色，质地坚硬。干贝的种类很多，主要有以下几种：以扇贝的闭壳肌制成的干贝质量最好；江珧的闭壳肌称江珧柱，体大肌纤维粗，风味不如干贝；日月贝的闭壳肌称带子，风味近似干贝；西施舌的闭壳肌称为海蚌柱，风味与干贝相近。另外还有一些其他瓣鳃纲动物的闭壳肌也都可制成干贝。

【选料原则】干贝以粒形整齐不碎、圆整、均匀、淡黄、干燥、有香味、无杂质为佳品。

【烹调应用】干贝一般入水中清洗后撕去结缔组织膜，放入器皿中加适量水和黄酒、姜、葱，上笼蒸 2 ~ 3 小时，原汤泡发待用，其汤汁鲜美，一般不丢弃。原汤可做鲜味剂使用，可直接配用或吊汤使用。干贝为名贵的海产品，在烹调中多做主料，适宜于红烧、白扒、蒸等烹调方法。用干贝制作的菜肴在口味上以咸鲜为主。干贝可制作“绣球干贝”“芙蓉干贝”“两吃干贝”等菜肴。

【营　　养】干贝含有丰富的磷、蛋白质等营养成分。现代医学认为其鲜品有抗癌作用。中医认为干贝味甘咸、性平，有滋阴补肾的功效。

十三、海参

这里所说海参是指生活在海底的一种棘皮动物的干货制品。鲜海参身体呈圆柱状，口在前端，肛门在后端，周围有触手，骨骼为各种微小的石灰质骨片，体质柔软，生长于海底细沙和岩石礁底，其生存环境要求水流缓慢，有丰富的海藻。

图 7.24　海参

【产　　地】我国沿海、黄海、渤海均有海参干货制品出产。

【种类及品质特点】海参种类繁多，大体可分为刺参、梅花参、方刺参、大乌参、黄玉参、茄参、白石参等。

刺参又称“灰参”，体近圆柱形，背有 4 ~ 6 行肉刺，灰褐色；以纯干、肉肥、味淡为佳；产于我国北部沿海的辽宁大连、山东烟台长山岛。刺参是海参中质量最好的品种之一。

梅花参又称“凤梨参”，海参中体型最大的一种；长筒形，背面肉刺多，每 3 ~ 11 个刺基部相连，呈梅花瓣形，肉厚肥嫩，刺坚挺，体完整；质量与灰参相同，属名贵海参；产于南海的西沙群岛等地。

方刺参体呈四棱形，平直有四行肉刺，肥壮肉厚，品质较好；产于广西北海、南海、西沙群岛。

大乌参体壮短粗，黑褐色，皮平展无皱褶，无刺，肉厚嫩，为海参中之上品；产于南海诸岛。

黄玉参体近圆柱状，两端钝圆，背有疣状凸起，疣上有小颗粒，形如秃刺；体短粗，肉肥厚，鲜嫩，较为名贵。

茄参又称乌虫参、香参等，呈纺锤形，体色浅棕色，体壮肉厚，物美价廉；产于海南岛、广东。

白石参体表光滑无刺，腹白似石灰质；产于广东、海南岛、西沙群岛，品质一般。涨发先用火烧燎外皮，再行涨发。

此外，还有克参、猪虫参等品种。

【选料原则】海参以体形大、皮薄肉厚、体内无沙、涨性大、发后有弹性者为佳。

【烹调应用】海参是名贵的海产品，多为干货制品，经涨发后使用。在烹调中海参常作为宴席的头道菜。海参在烹调中做宴席的第一道菜使用时，该宴席名为“海参席”；刀工成形可切成大片、丝、丁等形，或整形使用；在菜肴中多作主料，适宜于烧、扒、炒、拌、蒸或制汤等烹调方法，适宜多种口味；可制作“烧海参”鸡丝海参”“奶汤海参”“扒海参”“虾子大乌参”“葱烧海参”“瓤酱海参”等多种菜肴。

【营　　养】海参为高蛋白、低脂肪食品，并含有人体必需的多种氨基酸，现代医学认为常食海参对心血管疾病有益，并有滋补、抗癌功效。中医认为海参味甘咸，性温，有补肾益精、养血润燥之功效。

【注意事项】海参本身无鲜味，制作菜肴时要注意赋予鲜味。

十四、裙边

裙边是以鳖甲边缘的软肉干制而成。

图 7.25　裙边

【别　　名】甲裙、鱼裙、鳖裙等。

【品质特点】裙边宽厚，富含胶质，有筋性，营养丰富。

【选料原则】裙边干货制品以干燥、宽厚、表面平滑光洁、无虫蛀者为佳品。

【烹调应用】裙边为烹饪原料中的珍品，在烹调中多作为高档菜肴的原料；做主料适宜于于扒、烧、烩等烹调方法。

【营　　养】裙边含有丰富的动物胶质，具有滋阴补阳之功效，常食对肝脾有益。

十五、乌鱼蛋

乌鱼蛋由雌性乌鱼的产腺干制而成，名为蛋，实则是众多的成圆片状的卵片，因整齐排列在膜皮的包裹下而呈卵圆形而得名。

图 7.26　乌鱼蛋

【产　　地】乌鱼蛋主要产于山东日照。

【品质特点】乌鱼蛋有鲜品也有干货制品，鲜品需冷冻储存。鲜乌鱼蛋洁白，干货制品呈褐黄色。

【烹调应用】乌鱼蛋鲜品可直接应用，除产地外干货制品较多。干货制品需涨发后使用。乌鱼蛋在烹调中多做主料，适宜于烩或制汤等烹调方法；可制作“烩乌鱼蛋”“酸辣乌鱼蛋”等菜肴。乌鱼蛋因其本身形体小，所以在烹调中无须刀工加工，多为原形使用。

十六、干鲍鱼

别名鲍鱼，也称大鲍、海耳等，为腹足纲鲍科贝类的通称。其贝壳坚厚，边缘有一列呼吸小孔，壳表面粗糙，内面呈现美丽的珍珠光泽。鲍鱼壳即中药材石决明，鲍鱼的足部非常发达，上部生有许多触手，下部展开呈椭圆形，用来附着礁石和爬行。

图 7.27　干鲍鱼

【产地和种类】我国北方沿海、南方沿海、南海诸岛均出产各类鲍鱼，国外产地分布于澳洲、日本、新西兰、南非、墨西哥、欧洲、美国、加拿大和中东等国家和地区。以日本、南非所产的鲍鱼为最佳。鲍鱼按产地可分为澳洲黑边鲍、青边鲍、棕边鲍和幼鲍，日本网鲍、窝麻鲍和吉品鲍。其中网鲍为鲍中极品。按商品分类有：紫鲍，其个大，色泽紫，质好；明鲍，其个大，色黄而透明，质好；灰鲍，其个小，色灰暗，不透明，表面有白霜，质差。按大小来分有两头鲍、三头鲍、五头鲍、二十头鲍等（500克的鲍鱼，头数越少品质越好）。

【选料原则】鲍鱼的肉足软嫩而肥厚，鲜美脆嫩。鲍鱼是名贵的烹饪原料，自古以来被视为海珍品。

【烹调应用】干鲍鱼是珍贵的烹饪原料，价格昂贵，需涨发后使用。鲍鱼刀工以片状居多，也有整料出菜的；做主料宜于爆、炒、拌、扒、煨等烹调方法，可制作“扒原壳鲍鱼”“蚝油鲍鱼”“麻汁紫鲍”等菜肴；在烹调中为高档宴席中之珍品，做头道菜使用的宴席称为“鲍鱼席”；做成菜肴时需用高级清汤调制，务必精心操作。

【营　　养】鲍鱼含蛋白质19%，并含有20余种氨基酸，有较高的营养价值。中医认为鲍鱼性温，味咸，有养血益肝、健脾通络的功效。

十七、燕窝

燕窝是金丝燕吞下海藻以后，在海边岩洞壁上吐出的胶状物凝结筑成的天然干货制品。

图7.28　燕窝

【产　　地】产自中国南部沿海一带、越南、泰国、马来西亚、印尼及菲律宾等地。

【种类及品质特点】燕窝按质量优劣可分为白燕、毛燕、血燕三种。

（1）白燕：燕窝中的白燕是金丝燕筑的第一个窝，质地较纯，杂质很少；呈两头凸起、中间凹的椭圆形，似元宝状，均匀分布着蜂窝状的小孔，长6.5～10厘米，宽3～5厘米，壁厚0.3～0.5厘米，色牙白，光洁透亮，根小，约12克，是燕窝中的上品。

（2）毛燕：毛燕是白燕被采后，金丝燕第二次筑的窝。此窝形体不匀整，杂质多（未消化尽的海藻和小鱼虾及羽毛等），色灰暗，质量次于白燕。

（3）血燕：血燕是毛燕被采后，金丝燕第三次赶筑的窝。窝形不规则，个小壁厚，杂质更多，间有紫黑色的血丝，质量最差。金丝燕筑的最后一个窝上有紫黑色血丝，是因为此时金丝燕为赶筑巢，口腔中的毛细血管破裂出血夹杂在唾液中而形成的。

【烹调应用】燕窝是珍贵的烹饪原料，价格昂贵，需涨发后使用；在烹调中为高档宴席中之珍品，做头道菜使用的宴席称为“燕菜席”；只做主料，且用量少，不能做辅料使用；多用以制作汤羹式菜，咸甜均可；做成菜肴时需用高级清汤调制，务必精心操作。燕窝口感软嫩柔糯，可制作“清汤燕菜”“燕窝羹”等菜肴。

【营　　养】燕窝蛋白质含量高达49.9%，碳水化合物30.6%，脂肪很少，并含有磷、钙、钾等多种无机盐和类似黏蛋白的物质，营养价值极高，历来被视为珍贵的滋补品。中医认为燕窝味甘，性平，有养阴润燥、益气补中之功效。

【知识拓展】

（1）山八珍：驼峰、熊掌、猴脑、猩唇、象拢、豹胎、犀尾、鹿筋。

（2）海八珍：燕窝、鱼翅、大乌参、鱼肚、鱼骨、鲍鱼、海豹、狗鱼（大鲵）。

（3）谭家菜中的“清汤燕窝”更有独到之处。它不采取用碱涨发燕窝的办法，虽然那样发出的燕窝颜色白，量也比清汤燕窝多，但是营养受到很大的损失。这个菜的做法是：用温水将燕窝浸泡三小时，再用清水反复冲漂，非常细心的择尽燕毛和杂质。待燕窝泡发好后，放在一个大汤碗内，注入半斤鸡汤，上笼蒸 20～30 分钟左右，取出分装在小汤碗内。再把以鸡、鸭、肘子、干贝、火腿等料熬成的清汤烧开，加入适量的料酒、白糖、盐，兑好味，盛入小汤碗内，每碗撒上几根切得很细的火腿丝，即可上桌。此菜汤清如水，略带米黄色，味道鲜美，燕窝软滑不碎，营养价值很高，是谭家菜中的代表作。

十八、淡菜

淡菜是指用贻贝煮熟去壳的肉制成的干制品，因干制时不加盐而得名。

图 7.29　淡菜

【产　　地】主要产于浙江、福建沿海地区。特别是嵊泗贻贝，是浙江省舟山市嵊泗县的特产，是中国地理标志产品。

【选料原则】淡菜以体大肉肥、大小均匀、棕红色或浅紫色、有光泽、干燥、无破碎、味鲜美者为上品。

【烹调应用】淡菜主要做调味原料和配料，为菜肴、小吃、粥品等提味增鲜，如“梅干菜焖淡菜”“淡菜汆萝卜丝鲫鱼汤”“淡菜猪蹄膀煲”“淡菜菠菜粥”“淡菜焗饭”等。

【营　　养】贻贝肉含蛋白质 53.5%，糖分 17.6%，脂肪 6.9%，无机盐 8.6%，还含有多种维生素，极易被人体吸收，食用价值很高。贻贝营养丰富，被誉为“海中鸡蛋”。

十九、蛏干

蛏干是用缢蛏和竹蛏的肉加工成的干制品。用缢蛏加工的为双角蛏干，竹蛏加工的为单角蛏干。将蛏子煮熟去壳留肉干制即成，其加工的汤汁可成蛏油。

图 7.30　蛏干

【产　　地】竹蛏在我国沿海均产，栖息在浅海泥沙中；缢蛏栖息在近海河口和有少量淡水流入的浅海内湾，浙江、福建已有人工养殖。

【品质特点】竹蛏肉质细嫩，味鲜美。鲜食、干制均可。

【选料原则】优质的蛏子肉质呈乳白色，两壳紧闭或微张，不容掰开，触动伸出壳外的肉体部分，会迅速缩回壳内。优质的蛏干体形完整、色淡黄、肉质厚实、质地坚硬，烹制前需经蒸、煮而涨发，用筷子搅动去沙。

【烹调应用】涨发的蛏干多做配料使用，不仅用于菜肴，也用于煮粥做汤，具提味增鲜的作用，也做主料应用，但在色泽、滋味和嫩度上稍逊于鲜品。发好的蛏干色泽白中泛黄，柔滑，软而韧，汤汁过滤后可作为鲜味剂使用。

【营　　养】缢蛏含蛋白质较多，亦含少量的无机盐。中医认为其性寒，味咸甘，有补阴清热、除烦止痢的功效。

二十、墨鱼干、鱿鱼干、章鱼干

墨鱼干是用金乌贼和曼氏无针乌贼加工成的干制品。鲜乌贼剖开胴体去内脏，以海水或淡盐水漂洗干净，晒至七成干，然后压制、罨蒸而制成。鱿鱼干、章鱼干的制作和烹饪应用也基本相同。

图 7.31　墨鱼干

【产　　地】我国南北沿海均有加工。

【选料原则】墨鱼干、鱿鱼干、章鱼干以个体均匀、身体平扁而肉厚、身干且完整、色棕红略透明、表面有白霜、有香味者为佳。乌贼的干制品称“墨鱼干”，曼氏无针乌贼的干制品称“螟蛹鲞”。

【烹调应用】墨鱼干、鱿鱼干、章鱼干是常见的加工品，其加工方法基本相同，质量鉴别要求也基本一致，烹饪应用也基本相同。三者都可涨发后做主料和配料运用，有些菜品可以直接运用，如“干煸鱿鱼丝”。它们更是常用的提鲜增味的原料，如“墨鱼炖鸡”“章鱼排骨汤”“鱿鱼冬菇粥”等。

第五节　干货制品类原料的品质鉴别及储藏

一、干货制品类原料的品质鉴别

干货制品类原料的品质鉴别的基本标准是：

（1）干爽、不霉烂。

干爽、不霉烂是衡量干货制品原料质量的首要标准。原料经干制后，一方面质地变硬变脆，另一方面又使原来的细密组织变得多孔，加之原料中还含有很多的吸湿成分，有很强的吸湿性。一旦空气湿度过大，便会吸湿变潮，发生霉烂变质。

（2）整齐、均匀完整。

原料在采摘、收集的过程中大小不一，干制时选料要求、加工方法以及保管运输情况的不同，在其外观上会产生较大的差别。干货制品越整齐、越均匀、越完整，其质量就越好。如干贝颗粒均匀、不碎，质量就好；个体大小不一，质量就次。

（3）无虫蛀杂质，保持规定的色泽。

干货制品原料在保管中，由于条件不好而发生虫蛀、鼠咬或在加工中没有清除杂质或清除不彻底，或混入的杂质太多，都会影响干货制品的质量。另外每一种干货制品都有其一定的色泽，一旦色泽改变，也说明品质发生了变化，都会影响到干货制品类原料的质量。因此，干货制品类原料干燥、不变色，无虫蛀、无杂质，保持正常颜色，其质量就好。

二、干货制品类原料的储藏

干货制品不同于新鲜原料，其特点是含水量较低，一般含水量均控制在10%～15%之间，故能延长储藏时间。但是，如果储藏不当，也会使干货制品受潮、发霉、变色，影响或丧失其食用价值。

为了确保干货制品的质量，应达到以下储藏要求：

（1）储藏环境应通风、透气、干燥、凉爽，还要避免阳光长时间的照晒。这是储藏好干货制品的基本条件。低温通风、透气能避免干货制品受闷生虫，低温干燥能防止干货制品受潮发霉、腐败。

（2）有一些气味较重的干货制品原料，应分开保存，否则会相互串味，影响食用。如动物性水生干货制品大都有一股海腥味，因而不能与其他陆生干货制品混合保藏。再如动物性陆生干货制品大都含有较重骚味、油脂气味，因此也不能与植物性干货制品混合储藏。合理的储藏方法应将各种干货制品分别进行保管，既符合卫生要求，又保证干货制品质量。

（3）对于质地较脆的干货制品，应减少翻动，轻拿轻放，不能压重物。

（4）要有良好的包装和防腐、防虫设施。干货制品原料常用的包装物，要用木桶、木箱、纸（盒）等，为进一步防潮，在包装箱或盒内垫防潮纸或塑料纸。既防潮又密封，其效果较好。

（5）勤于检查。一旦发现有变质的干货制品，应及时清除，防止相互传染，造成不必要的损失。在连续阴雨或库房湿度增高的情况下，应经常将干货制品放置阳光下暴晒，以保持干货制品干燥，防止变质。另外，因干货制品原有品质不一致，即使同一类干货制品其耐储性能也有差别，必须做到勤检查，以免造成不必要的损失。

练习题

一、填空题

1. 植物性干货制品主要含有＿＿＿＿＿＿、＿＿＿＿＿＿、＿＿＿＿＿＿及少量的脂肪等成分。

2. 蛤士蟆学名＿＿＿＿＿＿＿＿，蛤士蟆油是＿＿＿＿＿＿＿＿＿＿＿＿的干制品。

3. 鱼翅是＿＿＿＿＿＿＿、＿＿＿＿＿＿＿的＿＿＿＿加工干制而成。主要食用＿＿＿＿＿＿＿＿。

4. 燕窝又称＿＿＿＿，是生活在沿海岩崖上的＿＿＿＿＿＿的干制品。按其质量的优劣可分为＿＿＿＿＿＿，＿＿＿＿＿＿＿，＿＿＿＿＿＿三大类。

二、选择题

1. 干货制品类的主要特点是（　　）。

A. 水分含量少　　B. 便于运输

C. 便于贮存　　D. 组织紧密，质地较硬，不能直接加热食用

2. 红鱼子是（　　）的卵加工而成的干货制品。

A. 鲟鱼　　B. 鲨鱼

C. 鳇鱼　　D. 大马哈鱼

3. 下列动物性水生干料中，属于棘皮动物的是（　　）。

A. 淡菜　　B. 海蜇

C. 海参　　D. 鲍鱼

4. 下列海参品种中质量最好的是（　　）。

A. 刺参　　B. 茄参

C. 白石参　　D. 方刺参

三、判断题

1. 干货制品用于菜肴的主辅料，可以直接进行烹调。（　　）

2. 蛤士蟆油以白色或者黄色为佳。（　　）

3. 黑鱼子是鲱鱼的卵加工而成的干货制品。（　　）

4. 鲨鱼的刺加工而成的是原料叫鱼翅。（　　）

四、简答题

1. 简述鱼类干制品原料的烹调方法。

2. 简述鱼翅的选择标准。

3. 简述干货制品类原料的储藏。

第八章

半成品类原料

学习目标

1. 掌握粮食制品的概念和分类、火腿的鉴别和种类。
2. 各种禽类、畜类和粮食制品的特点和水产品的按加工方法的分类。
3. 各种蔬菜、水果制品和水产品的制作方法和用途。

导　入

半成品类原料是指已经过一定生产过程，并已检验合格，但尚未最终制作成为成品的中间产品原料。半成品类原料往往有更好或很特殊的风味出现，还能起到延长原料的保质期的功效，是现代烹饪不能缺少的一类原料之一，包括粮食制品、蔬菜和水果制品、禽类制品、畜类制品和水产品制品。

第一节　粮食制品

一、粮食制品的概念

粮食制品是以谷类、豆类、薯类等粮食为原料，经加工制成的烹饪原料。

二、粮食制品的种类

按照加工原料的不同，粮食制品分为以下三类：

（一）谷物制品

谷物制品是以面粉、稻米为原料加工而成的粮食制品。主要品种有挂面面包渣、面筋、澄粉、糯米粉、米凉粉等。

（二）豆制品

豆制品是以各种豆类为原料加工而成的粮食制品，豆制品的种类很多，一般可以分为四类：

（1）豆浆和豆浆制品：用未凝固的豆浆制成，如豆浆、腐衣、腐竹等。

（2）豆脑制品：用点卤凝固后的豆脑制成，如豆花、豆腐脑、豆腐、豆干、百叶等。

（3）豆芽制品：成熟的豆粒在适合的条件下发芽形成的芽菜，如黄豆芽、绿豆芽、花生芽等。

（4）其他豆制品：指其他的豆制品或用提取的大豆蛋白质人工制成的复制品等，如豆渣、红豆沙、绿豆沙、人造肉等。

（三）淀粉制品

淀粉制品是以从粮食中加工提炼出的淀粉为原料，再经加工而成的制品，如粉丝、粉条、粉皮、凉粉、西米等。

三、粮食制品的共性

（1）大多本身没有特别显著的口味，搭配的适应性较强。

（2）适应于多种烹调方法，如煮、蒸、炸、炒、烧、煨、炖等均可。

（3）是制作素馔和仿荤菜肴的重要原料，如素鸡、素鸭、素火腿、素香肠、素肉丝等。

（4）是制作各种风味小吃的原料，如四川的汤圆、云南的米线。

四、品种举例

（一）面筋

面筋是将小麦粉加水和成面团后，在水中揉洗，除去淀粉、麸皮等后得到的浅灰色、柔软而有弹性的胶状物。

【分　　类】刚洗出的面筋叫“生面筋”，它容易发酵变质，不耐储存，须进一步加工成不同的制品。

（1）水面筋：将生面筋加工成块状或条状，用水煮熟。其色泽灰白，有弹性。

（2）素肠：将生面筋加工成条状，缠绕在筷子上，煮熟后抽掉筷子，成为管状的面筋。其质地和色泽与水面筋相同。

（3）烤麸：大块生面筋发酵后，蒸成饼状。其质地多孔，呈海绵状，松软而有弹性。

（4）油面筋：又称为面筋泡、生根、生筋，将生面筋加工成小块，油炸而成。其色泽金黄，中间多孔。

此外，面筋还可熏制、干制以利储存，也可经干燥后制成活性面筋粉，使用方便。

【烹调应用】面筋及其各种加工品口感柔韧，富有弹性，在烹调中，既可以单独使用，也可以与其他原料配合，最宜与鲜美的动物性原料合烹；适用于炒、烩、烧、蒸、填馅、做汤等多种烹调方法。

（二）豆腐

豆腐是以大豆为原料，经过浸泡、磨浆、过滤、煮浆、点卤等程序制作而成的原料。

【分　　类】根据制作方法的不同，豆腐可分为嫩豆腐、老豆腐和冻豆腐。

（1）嫩豆腐又称“石膏豆腐”“南豆腐”，多用石膏（硫酸钙）点制，含水量多，色泽洁白，质地细嫩，适于拌、烩、烧、制作汤羹等。

（2）老豆腐又称“盐卤豆腐”“北豆腐”，多用盐卤（氯化镁）点制，含水量较少，色泽白中略偏黄，质地比较粗老，适合煎、炸、酿以及制馅等。

（3）豆腐还可制成冻豆腐，或称海绵豆腐。冻豆腐由于多孔可以饱吸汤汁，适于烧、烩、制汤以及作为火锅用料等。

【烹调应用】豆腐在烹调中应用十分广泛，适于各种烹调方法，制作的菜肴多达上百种。著名的菜肴有“小葱拌豆腐”“麻婆豆腐”“生煎豆腐”“泥鳅钻豆腐”“锅贴豆腐”“砂锅豆腐”等。

（三）豆芽

【分　　类】根据原料的不同，豆芽有黄豆芽、绿豆芽、花生芽等。

【烹调应用】豆芽可以制作冷菜、热菜、面点，做主配料和馅心；也可以用于制素汤或菜肴的垫底。绿豆芽、花生芽还可以用于腌渍。代表菜式有“拌银芽”“干煸黄豆芽”等。

（四）腐衣和腐竹

腐衣和腐竹都是大豆磨浆烧煮后，将蛋白质上浮凝结而成的薄皮挑出后干制而成的豆制品。腐衣是片张平摊晾干制成的，色泽奶黄，薄而透明，也叫豆腐皮、油皮。腐竹则是湿片张卷成杆状烘干而成的制品，又叫支柱、甜竹。

【烹调应用】烹调前，要先用温水将其泡软。腐衣和腐竹可单独烹调，也可与其他原料相配，适合多种烹调方法，如烧、制汤、煎炒、凉拌等。此外，腐衣和腐竹还是制作仿荤菜肴的重要原料，可以制作素鸡、素鸭、素鹅，以及素火腿、素香肠等，有名的菜肴有“干炸响铃”“烧素鹅”等。

（五）粉丝

【分　　类】按照原料的不同，粉丝主要有：

（1）豆粉丝：以各种豆类为原料制成，其中，以绿豆制作的粉丝质量为佳，呈半透明状，弹性和韧性好，为粉丝中的上品，如山东龙口粉丝。

（2）薯粉丝：一般以甘薯、马铃薯等为原料加工而成，不透明，色泽暗。

（3）混合粉丝：一般以豆类原料为主，兼以薯类、玉米、高粱等混合制作而成，品质优于薯粉丝。

【烹调应用】粉丝广泛用于烹调中，既可以作为菜肴主料、配料，用于拌、炒、烧、做汤，也可以制作面点的馅心。“蚂蚁爬树”“五色龙须”等菜肴都是以粉丝为主料制作出的著名菜肴。

（六）粉皮

粉皮一般以绿豆、蚕豆、豌豆及薯类淀粉为原料加工而成。

【分　　类】粉皮有干、湿两种。湿品呈乳白色，方形或圆片状，柔软光亮，有一定的弹性，厚 3 ~ 5 毫米，直径约 20 ~ 30 毫米。干品由湿品干燥而成，如干燥前先切成条状再经干制，则为粉条。

【烹调应用】烹饪中粉皮和粉条常作为凉拌菜的原料，也可与肉类、鱼头、食用菌类等一同配菜、配汤，或经油炸后制作“拔丝粉皮”“火腿蛋粉皮”等。

（七）面包渣

面包渣是用面包制成的屑状原料，通常有干、鲜两种。

【烹调应用】面包渣主要用于煎、炸、炒等以油为传热介质的烹调方法。烹调后的面包渣具有酥脆金黄的特点，因此它通常用于黏着在原料的表面，增加菜肴的酥脆感，并可以达到增色、增香的目的。

（八）西米

西米，是以淀粉为原料经机器或手工制成的白色、圆珠形颗粒。

【分　　类】西米按照粒形的大小分为大西米和小西米两种，均为圆形。大西米直径约 8 毫米，小西米直径约 2 ~ 3 毫米。

【选料原则】西米的品质以色泽白净、颗粒均匀而坚实、硬而不碎、表面光滑圆润、煮熟后透明度高而不黏糊、口感有韧性为佳。

【烹调应用】西米用于甜羹、甜菜、工艺点心的制作，如“白果西米羹”“银耳西米羹”“酒酿桂圆西米羹”“珍珠元子”等；也可单独煮熟后加糖食用。

（九）澄粉

澄粉又称为小粉、麦粉，即将小麦面粉经洗去面筋质后沉淀下来的无筋质淀粉干制品。

【特　　点】澄粉色白、无筋力、不粘手、杂质少，烫熟后色泽光亮，略透明，韧性强。

【烹饪应用】可用于面点的制馅及工艺面点的造型，如“山药饼”“莲茸馅”“玉兔饺”“金鱼饺”等。

（十）米线

米线又称米粉、沙河粉，是以大米为原料，经过多道加工程序制成的线状原料。

【选料原则】米线的质量以质地洁白、柔韧滑爽、煮后不粘条、不糊汤、断条少、无斑点、无异味者为佳。

【烹调应用】米线的食用方法很多，可以炒、煮、烩等，凉热皆宜。云南的“过桥米线”“小锅米线”，广西的“桂林马肉米粉”，贵州“遵义牛肉米粉”等，都是我国著名的以米线为原料的食品。

（十一）饵块

饵块是以大米为原料，经过多道工艺加工而成的粮食制品，主要产于四川、云南等地，以四川会理、云南官渡所产最为著名。

【选料原则】饵块多成长方、扁圆、椭圆性枕状，也有制成圆饼状的。选择时以洁白细腻、筋道滑润、清香软糯、经泡耐煮为佳。

【烹调应用】饵块常用炒、煮、蒸、炸、烤等方法制作，配荤、素原料均可。“炸饵块”“红油饵块”“肉炒饵块”“煮鸡丝饵块”“煮海味饵块”都是饵块菜肴的代表品种。

除了饵块外，饵丝也是云南、四川等地的常见原料。饵丝与饵块的原料相同，但在饵块挤压后，再经过冷却、轧片、切丝制成。饵丝有干饵丝、鲜饵丝两种。其烹饪应用与饵块大致相同。

第二节　蔬菜和水果制品

一、蔬菜制品

（一）蔬菜制品的概念

蔬菜制品是以蔬菜为原料经一定的加工处理而得到的制品。

（二）蔬菜制品的分类

按照加工方法的不同，蔬菜制品可分为酱腌菜、干菜、速冻菜、蔬菜蜜饯、蔬菜罐头以及菜汁（酱、泥）等六大类。

1．酱腌菜

酱腌菜是以食盐及（或）酱、酱油、糖、醋等调味料腌渍成的蔬菜制品。其腌渍的基本原理是利用食盐所产生的高渗透压作用、微生物的发酵作用、蛋白质的水解作用以及其他生化作用使产品达到长期储藏的目的，并同时具备特有的色、香、味和脆嫩的品质。

按照生产工艺及质量特点，酱腌菜可分为酱菜、腌菜两大类。酱腌菜除生食佐餐外，也运用于烹饪制作中，或配肉炒食、蒸食，如“雪菜山鸡片”“咸烧白”“酱瓜鸡丝”“玫瑰大头菜炒肉丝”；或用作汤菜，汤味鲜香，如“榨菜肉丝汤”。

（1）酱菜。

酱菜又称为酱渍菜，是我国传统的酱腌菜，即蔬菜经过盐渍、酱渍后而得到的制品，属于非发酵性腌制品。酱制时使用的原料为黄酱或甜面酱，有的还用酱油浸渍。代表菜式有“酱萝卜”“酱芥菜”“乳黄瓜”“玫瑰大头菜”“八宝菜”“糖蒜”等。

（2）腌菜。

腌菜是以食盐腌渍后不经发酵或经发酵而得到的蔬菜制品。腌菜一般可分为咸菜和发酵性咸菜两类。咸菜是蔬菜经食盐盐渍后的制品，在腌制过程中，有的经过了轻微发酵。按照成品中水分含量的高低，可分为湿态（如“腌雪里蕻”）、干态（如“梅干菜”）和半干态（如“榨菜”“五香萝卜干”）三种。发酵性咸菜是指在腌制过程中经过比较旺盛的乳酸发酵的蔬菜腌制品。在乳酸发酵的同时，一般还伴有轻微的酒精发酵与戊糖发酵。发酵过程中乳酸菌产生的大量乳酸，不但赋予原料独特的酸味和爽口的脆感，而且还具有防腐抑菌、保护维生素C的作用，如泡菜、酸菜。

① 榨菜。

榨菜为四川四大腌菜之一。榨菜是以茎用芥菜为原料，经穿剥、晾架、腌制、修剪、淘洗、拌料、分级装坛而成。因嫩茎经盐腌后榨去了多余的水分，故称之为榨菜。成品咸淡适口，芳香脆嫩，爽利开胃。榨菜除直接供食外，还常作为菜肴配料，用于拌、炒、烩或做汤、面码等，如“榨菜炒肉丝”“榨菜汤”“香油榨菜”“榨菜馅心”等。

② 芽菜。

芽菜为四川四大腌菜之一，有甜、咸两种风味。甜芽菜产于宜宾一带，特产有叙府芽菜；咸芽菜产于南溪、泸州、永川等地，以南溪所产为最佳。芽菜是以叶用芥菜中的光杆芥菜的嫩尖为原料，经划菜、晾晒、腌制、熬糖、配料等工序后，装坛密封一年制成。成品质嫩条细，色泽黄亮，甜咸适度，味道清香。芽菜除供直接佐食外，烹饪中可用作调味增鲜料和菜肴配料，也可做汤菜、馅料、面码等。代表菜点有四川小吃“担担面”、川菜中的“咸烧白”等。

③ 冬菜。

冬菜有川冬菜、京冬菜、津冬菜、上海五香冬菜之分。后三者是以大白菜为原料腌制发酵而成，其中京冬菜在腌制时未加蒜，称为素冬菜；津冬菜因腌制时加蒜，称为荤冬菜。冬菜成品呈金黄色，味微酸，既可生食，又可做汤、熬鱼、炒羊肉等。

川冬菜又称为冬尖，为四川四大腌菜之一，南充、资中所产为名品。川冬菜是以叶用芥菜中的箭杆菜或乌叶菜的嫩尖为原料经腌制后，装坛密封2～3年制成。其成品为黑褐色，脆嫩清香，可直接供食，亦是川菜的配料之一，并可做馅心。代表菜点有“叶儿粑”“冬菜包子”

“冬菜腰片汤”等。

④ 腌大头菜。

腌大头菜以蔓菁或根用芥菜腌制而成，也可酱制，许多地区都有生产，名产较多，如江西五香大头菜、北京芥菜疙瘩、四川大头菜等。腌大头菜为四川四大腌菜之一。腌大头菜因制法、用料各异，故风味多样。其质脆嫩而无渣，鲜香适口，除直接佐餐外，还可作为席上小菜碟，如四川的“红油黄丝”；或做烹调配料，如“大头菜炒肉丝”“大头菜汤”等。

⑤ 腌雪里蕻。

腌雪里蕻又称石榴红、春不老、雪菜，以叶用芥菜中的鲜雪里蕻为原料，以食盐、花椒等为辅料腌制而成，味鲜香微酸。腌雪里蕻可蒸、炒后做佐餐小菜，也常烧、炒用于菜肴制作中，还可做汤或馅心，如“炒雪冬”“雪菜炒山鸡”及扬州名点“雪笋包子”等。

⑥ 梅干菜。

梅干菜又称霉干菜，主产于广东、浙江两省。广东所产以梅菜腌制，浙江所产以芥菜腌制。其成品质地柔嫩，具有特殊鲜香风味，常与肉、鱼等同烧、炖、蒸或做馅等，也可配素类原料，如广东菜“梅菜扣肉”、浙江菜“梅干菜烧肉”等。

⑦ 酸菜。

酸菜以新鲜蔬菜为原料，经晾晒、烫熟、腌制、装缸发酵制成。由于各地制法不同，其风味各有特点。酸菜味酸咸、爽口，除供直接佐餐外，也常用作菜肴配料、馅料，或用于面条、面片以及汤菜。酸菜经长期储放后，易霉变，同时产生大量硝酸盐，而有害于身体健康。

⑧ 泡菜。

泡菜以新鲜蔬菜为原料，以食盐、干红辣椒、白酒、香辛料等为辅料，浸泡于特制的泡菜坛内经乳酸发酵制成。泡菜为四川特产之一，以新繁所产最为著名。其成品脆嫩鲜香，清爽开胃，除供生食外，也为川菜常用配料之一，如“泡菜鱼”“泡萝卜炖鸭”等；而泡辣椒、泡姜为川菜鱼香味、家常味等味型中必备调味料。

2．干菜

干菜是经人工方法或自然方法脱去水分的蔬菜制品。蔬菜干制的基本原理是用降低蔬菜水分的方法抑制微生物的活动和酶的活性，从而达到长期储藏的目的。而且，蔬菜经干制后，体积缩小，重量减轻，还便于储藏、携带和运输。

干制的方法一般分为自然干制和人工干制两类。其中，以冷冻、真空、微波等新型人工干制方法制成的干菜复水后，其质地、风味、口感及营养成分的含量等接近新鲜蔬菜。干菜在食用前均需用清水浸发，用温水可加快浸发速度。烹饪中，干菜可烧、烩、炖、煮后凉拌及做汤菜，一般不适于快速烹调方法。

根据加工对象的不同，干菜可分为一般蔬菜类干菜、笋类干菜、菌类干菜、藻类干菜和蕨类干菜五大类。

（1）玉兰片。

玉兰片又称为兰片，是以冬笋或春笋为原料，经蒸煮、熏璜、烘干等工序加工制成的干制品。因其色玉白，状似玉兰花瓣，所以称为玉兰片。

玉兰片常见的品种有尖片、冬片、桃片和春片。

① 尖片又称笋尖、尖宝、玉兰宝，以冬笋或春笋的嫩尖制成，表面光洁，笋节密集，肉质细嫩，为玉兰片中的上品。

② 冬片是以冬笋为原料纵劈两片制成，片面光洁，节距紧密，质嫩味鲜。

③ 桃片又称为桃花片，是以刚出土或尚未出土的春笋制成，肉质稍薄，质地尚嫩。

④ 春片又称大片，是以清明节后出土的春笋为原料制成，节距较疏，节楞突起，肉薄质老，品质最差。

玉兰片以色泽玉白、表面光洁、肉质细嫩、体小肉质厚实、笋节紧密、无老根、无焦片和霉变者为佳。玉兰片经泡发、去除硫黄味后，切成块、条、片、丝等用于烧、炖、煮、烩、拌等方法，制作多种荤素菜肴，具有提鲜、配色、配型的作用，常为高档菜的配料。

（2）万年青。

万年青为油菜、小塘菜薹嫩尖的干制品。因其色泽翠绿，与观赏植物万年青相似，故称之。万年青主产于浙江宁波、嘉兴等地。其成品为翠绿色，条状，质地鲜嫩，味清香。万年青主要供拌食，先剪成 2～3 厘米的短条，放入碗内、加入调味料后用沸水冲泡，趁热食用，不可烧、煮，以免破坏叶绿素。

（3）干菜笋。

干菜笋又称为雪菜、笋干菜，为霉干菜与干笋片混合制成的干菜，浙江特产。其成品呈条状、片状，质嫩鲜香。干菜笋以质地干燥、鲜嫩、咸淡适口、香气浓、无杂质碎末者为佳。烹调中干菜笋多配肉烧菜、蒸菜或制馅、做汤。如干菜烧肉、笋干菜烧蚕豆等。

3．速冻菜

速冻菜是指采用制冷机械设备于 -18 摄氏度以下温度迅速冻结的蔬菜。通过速冻可抑制微生物的活动和酶的活性，从而阻止蔬菜品质和风味的变化以及营养成分的损失。

大多数蔬菜都可以制作速冻菜，尤其是含水量低、含淀粉量高的菜速冻效果更好。原料经选剔、清洗、修整、热烫和预冷后即可送入冻结机速冻。含特殊香味物质的蔬菜如蘑菇、洋葱、韭菜等一般不经热烫直接送入冻结机速冻。

速冻菜在运输和销售过程中，都需保持冷藏的低温条件。食用前一般需先作解冻处理，再进行烹调。解冻过程以快为好，可在电冰箱中、冷水中或温水中进行，用微波炉快速解冻更好，也可直接投入热锅中煮制。速冻菜一经解冻，不可长时间放置，更不可再行冻结保藏。烹调加热时间以短为好，不宜过分热煮。常见的速冻蔬菜如胡萝卜、荸荠、芋头、嫩玉米、洋葱、四季豆、青豆、嫩蚕豆、冬笋等等。

二、水果制品

（一）水果制品的烹调运用

水果制品除直接食用外：

（1）可作为甜菜的配料。

（2）可作为糕点和菜肴的馅料。

（3）可作为装饰料和配色料。

（二）水果制品的分类

水果制品分为果脯、果干、蜜饯和果酱四大类。

1．果脯

（1）果脯的概念：果脯是指将鲜果直接用糖液浸煮后，晒干或者烘干的干性制品。

（2）果脯的特点：果身干爽、保持原色、质地透明。

（3）果脯的分类：按其加工方法的不同可以分为两大类。

① 北方果脯：是将鲜果经糖液浸煮后干燥制成。其表面较干燥，一般呈半透明，不黏手，基本保持鲜果原来的色泽。如北京、河北产的苹果脯、杏脯、桃脯、梨脯、青梅脯、金丝蜜枣等。

② 糖衣果脯：是将鲜果用糖液浸煮后冷却而成。其表面挂有细小的砂糖结晶，质地清脆。如浙江、江苏、福建、广东、四川等地生产的桔饼、糖冬瓜、糖藕片糖姜片、青红丝等。

2．果干

（1）果干的概念：果干是以鲜果为原料经脱水干制而成的制品。

（2）果干的特点：营养丰富、风味独特、口感柔韧、甜味绵长。

（3）果干的烹调用途：果干除可直接食用外，还常用作面食的馅心、酒会的果盘或制成营养粥品供食用。

3．蜜饯

（1）蜜饯的概念：蜜饯是指用鲜果或干果胚做原料经糖液浸煮后，加工而成的半干性制品。

（2）蜜饯的特点：果形丰润、甜香俱浓、风味多样。

（3）蜜饯的分类：蜜饯按其制法可分为糖衣蜜饯、果脯蜜饯和甘草蜜饯三类。具体品种有：

① 红枣。

红枣主产于河北、山东、河南、山西和陕西五省。经营中常将红枣分为大枣、小枣两类。大枣的果粒较大，皮厚核大肉松，口味甜、淡不等；小枣果粒小，果肉紧密，皮薄色红，核小，甜味足，味鲜糯。

枣为我国民间滋补品之一，营养丰富。鲜枣的维生素 C 含量具鲜果之冠，干枣含糖量可达 63%～76%。中医认为枣具有补脾和胃、益气生津、调营卫、解药毒等功效，常用于调和药性、减轻药物毒性。干枣可直接供食或制成枣泥用作各种糕点、面饼的馅心或配制果酱，如“枣泥月饼”“枣泥油糕”；可作为饭粥、糕饼以及粽子、八宝饭等的配料，还可制作各种甜、咸菜式，如“枣泥桂鱼”“红枣煨蹄”“枣泥夹沙肉”“软炸枣卷”等。

② 葡萄干。

葡萄干是葡萄的干制品，一般是以皮薄、果肉丰满、含糖量高的葡萄为原料经阴干或烘干制成。葡萄干可分为绿葡萄干和紫葡萄干两类。绿葡萄干主产新疆，粒大无核，皮薄晶莹、肉质细腻，味甜鲜纯，为葡萄干中的上品。紫葡萄干主产于山西，色泽紫红，半透明，肉质稍硬，有核的略带酸涩，无核的味甜。葡萄干除直接食用外，常作为糕点的馅料、甜菜的原料或八宝饭的配料。

③ 桂圆干和桂圆肉。

桂圆干是龙眼的干制品。桂圆肉又称为元肉，由龙眼去壳、核后干制而成。桂圆干和桂圆肉的食用价值和药用价值都很高，为著名的滋补佳品，具有补气血、益心脾、安神等功效。烹饪中桂圆干可供制作多种甜、咸菜式，也可以作各式糕点的馅心，如“桂圆莲子汤”“桂圆红枣汤”“桂圆童子鸡”“桂圆炖肉”等。

4．果酱

（1）果酱的概念：果酱是用新鲜水果和砂糖等熬制而成的带有透明果泥的胶稠酱体。

（2）果酱的特点：质地细腻、酸甜适口、半透明、凝冻状。

（3）果酱的烹调用途：

① 可作为中西式面点的夹馅或馅心；

② 可作为馒头、面包的涂抹食品；

③ 可作为炸制品的蘸料；

④ 可作为甜菜或甜酸菜式的淋汁。

第三节　禽类制品

一、禽类制品的概念

禽类制品是以禽类的肉、蛋等为原料，经过腌制、干制、烤制、煮（卤、酱）制、熏制等烹调方法加工而成的制品。

二、禽类制品的分类方法

（1）可以根据不同的烹调方法进行分类，如腌制类、干制类、烤制类、煮制类、熏制类等。

（2）根据原料加工特点的不同分类，如板鸭、盐水鸭、香酥鸭、风鸡、烧鸡、扒鸡、熏鸡等禽肉制品，以及咸蛋、皮蛋、糟蛋、蛋粉等禽蛋制品。

（3）按照原料生熟来分类，有些品种是可以直接食用的熟禽制品，如扒鸡、香酥鸡、皮蛋，有些则必须加工后才能食用，如风鸡、板鸭、咸蛋等。

禽肉制品性质各异，风味也各不相同，因此，在烹饪时，要注意根据不同的品质特点进行合理地应用。

三、禽类制品种类举例

（一）板鸭和风鸡

1．板鸭

板鸭是选用健康的活鸭经过宰杀烺毛、去内脏、水浸、擦盐（干腌）、复卤（湿腌）、晾挂风干制作而成的腌腊制品。

【产　　地】板鸭在我国的许多地方都有加工，著名的板鸭有：南京板鸭、南安板鸭、无骨板鸭、白市驿板鸭、建瓯板鸭等。

【品质鉴别】板鸭的质量以干、酥、板、烂、香为佳。

【烹调应用】烹调前，一般先用清水浸泡，洗去多余的盐分，用沸水煮软，再用于烹调或冷却后直接切成需要的形状。板鸭常用的烹调方法有蒸、煮、炖、炒、炸等。

2．风鸡

风鸡是以健康的活鸡为原料，经过宰杀、去内脏、腌制、风干等多道工序加工而成的制品。

【产季、产地】风鸡的制作，通常在农历小雪以后，此时气候干燥，微生物不容易侵袭，制品有较好的腊味。我国加工风鸡的地方很多，制作方法略有差异，著名的风鸡有：河南固始风鸡、湖南泥风鸡、云南风鸡等。

【特　　点】风鸡的制作通常不去毛，制作过程集腌制和风干为一体，不仅肉质柔嫩细滑、鲜爽不腻、腊香浓郁，而且适于储藏。

【烹调应用】烹制时，先将风鸡去毛洗净后炖煮，再用筷子捣入鸡肉即成，晾凉后拆骨去肉并撕成细丝状备用。风鸡可制作冷盘，或加配料进行烧、烩、煮、炒制作热菜，也可以作为火锅的用料。

（三）咸蛋和皮蛋

1．咸蛋

咸蛋是把蛋放在浓盐水中浸泡或用含盐的泥土包在蛋的表面腌制而成的蛋类制品。通常使用鸭蛋作为制作的原料。

【分　　类】由于制作方法的不同，咸蛋可分为：黄泥蛋，将鲜鸭蛋加黄泥和食盐制成；灰蛋，将鲜鸭蛋加草木灰及食盐制成；咸卤蛋，将鲜鸭蛋在盐水中浸泡制成。

【品质鉴别】咸蛋以咸淡适口、个大、蛋黄含油丰润、无空头、壳青白者为佳。

【烹调应用】通常煮后即可食用，常作为随饭小菜或制作冷菜。咸蛋蛋黄色泽红黄，富含油脂，具有鲜、细、嫩、松、沙、油等特点，油炒后颇似蟹黄，故常用于热菜中，以咸蛋代替蟹黄制作菜肴，如“赛蟹黄”“蟹黄豆腐”“金沙炒蟹”等。此外，咸蛋黄还常作为面点的馅心用料，如蛋黄月饼。

2．皮蛋

皮蛋因凝固的蛋清中常有松花状结晶而又称为松花蛋；又因蛋黄可呈现墨绿、草绿、茶色、暗绿及橙红等色，又称为彩蛋。皮蛋通常以鸭蛋为主料（也可以鸡蛋、鹌鹑蛋为主料），以食盐、石灰、纯碱、茶叶等为配料制作而成。

【分　　类】因加工用料和条件不同，皮蛋可分为硬心皮蛋和溏心皮蛋两种。前者在制作时，要加入氧化铅或氧化锌，使蛋黄凝固，无溏心；后者制作时添加草木灰等，使蛋黄中心呈稠黏液状。

【品质鉴别】蛋壳完整，两蛋轻敲有清脆声，并能感到内部弹动；剥去蛋壳，蛋清凝固完整，光滑洁净，不粘壳，无异味，呈棕褐或绿褐，有松枝花纹；蛋黄味道清香浓郁；稍具或无辛辣味、无臭味；含铅量每公斤不超过 6 毫克。

【烹调应用】皮蛋可做冷菜用料，也可熘、炸、煮等用于热菜制作中，并可以制作小吃、粥品等。冷菜如“青椒皮蛋”“姜汁皮蛋”；热菜如“糖醋皮蛋”“焦熘皮蛋”“黄瓜皮蛋汤”；粥品如“皮蛋瘦肉粥”。

第四节　畜类制品

一、畜类制品的概念

畜类制品是指用家畜和兽类的肉及副产品加工而成的产品。家畜类制品多以猪为原料加工制作；兽类制品较少，但有些属高档原料，如鹿筋，常用于高级筵席中。

二、畜类制品的种类

畜类制品的加工方式有多种，整体或整体开片制作；解大件制作；取不同部位制作；切成小件制作和切碎灌制等。由于制作方式的多样性，畜类制品种类繁多。

根据加工方法不同，将畜类制品分为七类，即腌腊制品、干制品、灌肠制品、酱卤制品、熏烤制品、油炸制品、乳制品。

（一）腌腊制品

选择优质的胴体肉或内脏等原料，用盐及其他调味品混合均匀，将其放置发酵或经过晾晒或烘干的制品。一般将未经干燥的制品称腌制品，将腌制后又干制的称腊制品。由于加工上相关联的关系，所以将其通称为一体。金华火腿、广东腊肉、北京酱肉、培根即是腌腊制品的代表。

（二）干制品

采用各种方法，将新鲜原料中的水分降低，既有保藏作用，又可根据工艺不同，形成多种风味的肉制品。干制方法一般分自然干燥和人工干燥法。自然干燥有晾晒、风干和阴干等；人工干燥法有煮炒、烘焙、真空干燥、远红外干燥等。蹄筋、驼峰、肉松、肉干、肉脯等即是常见的干制品。

（三）灌肠制品

灌肠制品主要是以猪肉、牛肉等为原料，经刀工处理后，加入各种调辅料腌制，然后灌入天然或人工合成的肠衣中，经短时烘干，再煮熟或烟熏、干制而成。灌肠制品多为熟制品，少为半熟制品或生制品，熟制品可直接供食用。

根据加工方法的不同，灌肠制品可分为生鲜灌制类（新鲜猪肉香肠）、烟熏生灌制类（四川香肠、广东香肠等中的部分品种）、烟熏熟灌制类（哈尔滨红肠、北京香雪肠等）、熟灌制类（泥肠、茶肠、法兰克福肠、小红肠等）、发酵灌制类（色拉米香肠等）、粉肚灌制类（北京粉肠等）和其他类（肉糕、午餐肉等）。

灌肠制品不仅工艺多样，而且在用料上越来越广泛，除畜类胴体肉外，内脏、血液等副产品也单独或混合地作为灌肠制品的用料，如血肠、肝肠、舌心肠等。且用料处理形式也多样，有块、片、丁、颗粒、糜等形式。

（四）酱卤制品

酱卤制品是将肉类原料放入调味汁中，经卤、酱、糟、煮等工艺加工而成的制品。这是我国的传统肉制品加工方法之一。根据所用调味料和加工方法的不同，通常将其又分为酱制品、蜜汁制品、卤制品、白煮制品和糟制品等五类。北京酱猪肉、上海蜜汁蹄髈、镇江肴肉、白水羊头肉、糟猪舌和糟猪肚都是各具地方特色的酱卤制品。

（五）熏烤制品

熏烤制品一般是指以熏烤为主要加工手段的肉类制品，可分为熏制品和烤制品两大类。熏制是利用燃料未完全燃烧时产生的烟雾对肉品进行烟熏，由于在熏制过程中对产品起到加热作用，所以其产品不仅有独特的烟熏味而且已经成熟，可直接食用。如有的酱卤制品、西式火腿、灌制品等进行烟熏后即成为熏制品，北京熏肉就是有名的熏制品。烤制品则是利用无烟明火或烤炉、烤箱产生的高温致使肉类原料成熟的一种方法。广东叉烧肉、烤乳猪、哈尔滨烤火腿是知名的烤制品特产。

（六）油炸制品

油炸制品是将肉类原料放入油中，利用其高温改变原料的形状、质感以及风味特点而制成的制品。油炸制品具有香、脆、松、酥等良好的口感，呈金黄色。炸猪排、酥肉、响皮等就是烹调中常见的油炸制品。

（七）乳制品

乳制品是用鲜奶经脱水干制或乳酸发酵等不同的加工方法而制成的多种制品。目前常见的品种有奶酪、酸奶、乳粉、乳扇、炼乳、乳饼、奶皮、冰淇淋等。

三、畜类制品的主要品种举例

（一）火腿

火腿为腌腊制品的代表，是用猪后腿经修坯、腌制、洗晒、整形、发酵、堆叠等十几道工序加压腌腊制成的。较为著名的是浙江金华火腿（南腿）、江苏如皋火腿（北腿）和云南宣威火腿（云腿）。

【特　　点】火腿的特点为肉致密而不硬，脂肪肥而不腻，咸淡适口，香味浓郁，色彩鲜明，味道鲜美。

【品质鉴别】通常采用看、扦、斩三步法。一看：皮肉干燥，手指推捺感觉内外坚实。形状完整均匀，皮色棕黄或棕红色，略显光亮。无杂质、虫鼠蛀咬，不褪色。二扦：商品检验多用打签法。竹签刺入肉中，拔出即嗅，有浓郁火腿香气为佳。三斩：火腿斩开后，断面肥肉薄而白，瘦肉厚而红艳，则质量优良。若发现皮边发白，表面发黏，肉质枯涩，阴雨天滴卤，脚爪发白，或内部肉质松弛不实，易于刺穿，香气弱而有异味，属次品。

【烹调应用】火腿运用时技术要求较严，否则易使风味受损，所以首先要掌握分档特点及运用范围。

（1）火腿的分档：火腿一般分为五档：火爪（小爪）、火瞳（蹄髈）、上方、中方和滴油（油头）。上方质量最好，精肉多、肥肉少、骨细，可供制作火方，切大片、花刀片；中方质量接近上方，但其中有大骨不易成型，常用于切丝、片、条、丁、块；火瞳有皮紧裹，多带皮食用，用整段或块，或切圆片和半圆片均可；火爪、滴油用于炖汤，或与其他原料同炖；骨、皮可用于吊汤，皮可食用。炖煮时可加入少量白糖，使香味提前释放出来。

（2）火腿的运用：火腿入馔，可做菜肴的主料、配料、鲜味调味品、配色或配形料。火腿可成咸、甜味菜肴，既可单独成菜，也可与其他多种高低档动植物原料相配成菜。整个菜肴以突出火腿的鲜香为好。由于火腿鲜香味浓，常为燕窝、鱼翅、驼峰、海参等本味不显的原料赋鲜香滋味。

（3）运用中的注意事项：在烹调中为了取其鲜香和突出本色，需注意使用时的五忌。一忌少汤和无汤烹制；二忌重味；三忌用色素；四忌用浓糊芡；五忌与牛羊类等腥膻原料配用。

（4）加工中的注意事项：在对火腿进行刀工处理时，为使切配成形，应在煮透蒸熟后，趁热抽出腿骨，用绳捆紧，让骨孔闭合，以重物压实，待冷却后再切。切时应顺着或斜着肌纤维的方向，下刀一定要干净利落、准确，用力适度，以免碎烂而不能成形。

（二）西式灌肠和香肠

1．西式灌肠

西式灌肠是用猪肉、牛肉等经绞碎或切丁后，加入淀粉和调味原料如食盐、味精、胡椒粉、辣椒粉等制成馅，然后灌入肠衣中，经烘干、蒸煮、烟熏等工序制成的风味制品。最早见于欧洲，是当地人民喜爱的一种风味食品，后传到世界各地。

我国目前生产的西式灌肠或是结合我国人民的口味喜好加以改变，或是仍按西式风味来加以制作，花色品种较多；主要品种有小红肠、大红肠、熏肠、午餐肠、火腿肠等；可直接食用，或做主、配原料用于菜肴中，还可用作配色料或调味料为菜肴提供鲜美的滋味。

2．香肠和香肚

香肠是我国的传统灌肠制品，距今已有一千多年的历史。一般将选取的优质肉类清洗切制后，加入调味料腌制，然后灌入用猪肠制的肠衣中，扎绳分段、在肠衣上刺小孔、晾晒或烘干而成。比较有名的是广式香肠、川式香肠、江苏如皋香肠、湖南大香肠。

广式香肠具有色泽油润、红白鲜明、香甜适口、皮薄肉嫩的特色。制作方法是将一定比例的肉类原料和白糖、曲酒、酱油、食盐、胡椒粉、硝盐等拌和均匀，灌入天然肠衣中，自然晾干或经 45 ~ 50 摄氏度温度烘干而成。其花色品种多样，主要有生抽肠、腊金银肠、猪肉肠、牛肉肠等几十种。

川式香肠花色品种及味型多样，有咸鲜醇香、咸麻鲜香、麻辣浓香、果味花香等。所用的调味原料非常丰富，特别增加麻味或麻辣味，但不重甜味。

香肠食用时需蒸熟或煮熟，可单独成菜，或搭配其他原料制作冷拼或热菜；也可做配色装饰料；有时也做火腿替代品。

香肚和香肠的制作相似，只不过是用猪的膀胱或鸡嗉囊做包装材料灌制而成。南京香肚为著名产品，始创于清朝同治年间，已有 120 多年的历史。其形似苹果，小巧玲珑，肉色红白分明，入口酥嫩，香甜爽口，香气超过香肠，经不断改进，现已闻名中外。

质量好的香肚外皮干燥，并与内容物黏合，不离壳，坚实而有弹性，无黏液、无虫蛀霉斑等。切面肉质紧密，瘦红肥白，香气浓郁。一般多煮熟后切片直接食用；或用于花色冷拼中。

（三）乳制品

（1）炼奶：消毒乳浓缩到原体积 40% ~ 50%，经装罐密封后再灭菌一次即得。

（2）奶粉：采用真空干燥方法将乳脱水至粉末状制成。

（3）奶油（黄油）：将牛乳经分离后所得的稀奶油再经过成熟、搅拌、压炼而成的。

（4）干酪（奶酪）：消毒乳经发酵后再另行处理的成品。

第五节　水产品制品

一、水产品制品的分类及特点

水产品制品指的是新鲜鱼类或者其他动物性水产品经过脱水干制、腌制、糟醉、熟制、糜制等加工方法制成的便于运输、保藏的独具风味的水产制品。水产制品中以鱼类制品最多，本节重点介绍鱼类制品，按照加工方法主要可分为干货制品、腌制品、糟醉制品、熟制品、鱼糜制品等。

（一）鱼类干货制品

鱼类的干制加工就是在天然条件和人为控制条件下，尽可能地除去鱼类原料中的水分，或除去一定水分后再加添加物，以防止细菌性腐败，保证储藏效果的一个完整生产过程。它既包括日干、风干等天然干制法，也包括焙干、烘干、辐射等人工干制法。

天然干制法是我国长期以来广泛采用的干制方法。它具有方法和设备简单，操作和管理简便，生产费用低，在渔区可以及时大量加工干制鱼货等优点；而且经适当的自然分解作用，还能使制品具有独特的风味特点。但天然干制法也存在明显的缺点，如难以控制质量，易使制品污染，不卫生，受天气条件的制约等。

人工干制法是在室内进行的。它依靠一定的技术、设备，人工控制温度、湿度、气流速度，在较短时间内对原料进行干制。人工干制法能保证质量，提高产品的出品率，特别是不受天气变化的影响，但消耗一定的能源，需要一定的技术、设备，成本较高。

（二）鱼类腌制品

鱼类的腌制加工在我国历史悠久，是传统的鱼类加工储藏方法之一。由于其设备投资少，工艺简单，并具独特的风味，被各地渔区广泛使用。无论是在船上直接腌制，还是在鱼汛期间鱼货量大时，陆上加盐腌制，都能有效地解决产销矛盾，弥补鱼类保存手段之不足。

（三）鱼类糟醉制品

鱼类糟醉制品是采用酒糟和酒对盐渍品再加工的过程，以提高鱼类的风味和耐藏性。加工过程可分为盐流脱水和调味品渍藏两个阶段。工艺流程一般经过原料处理、盐渍、晒干、糟醉、封存五个步骤。

（四）鱼类熟制品

鱼类熟制品加工范围很广，内容非常丰富。一般是指经过专门烹调加工，能直接食用的产品，有些产品的储藏期可长达数月，如鱼松、熏鱼等。还有调味烘烤制品，它是用鱼类原料用调味品处理后的烘烤（或烘干）制品，如烤鱼片等。它具有鲜香味美、直接食用、便于储藏、携带方便、营养丰富等特点。

（五）鱼糜制品

鱼糜制品是利用小型杂鱼、低值鱼类加工而成的。它具有制作原料来源广、食用方便、蛋白质利用率高、减少冷藏容积、降低费用、能实现机械化等好处。

二、鱼类制品的种类举例

（一）鱼类干货制品

1. 鲞

鲞是鱼类、软体动物类等水产品的腌干或淡干的干货制品的统称。

【种　　类】鲞的种类很多，因加工方法及加工季节的不同而异。主要品种有黄鱼鲞、鳗鱼鲞、鲨鱼鲞、螟脯鲞等。

2. 银鱼干

银鱼干是鲜银鱼经干制而成的。

【产　　地】江苏太湖、洪泽湖、安徽果湖、芜湖等地。

【品质鉴别】银鱼干以鱼体完整均匀、乳白色、有光泽、味鲜美为上品。

（二）鱼类腌制品

咸鱼是鲜鲤鱼经腌制而成的。

【品质鉴别】咸鱼以体形完整、无机械伤、有光泽、内质坚实紧密，气味正常，含盐量不超过 18%者为佳。淡水鱼如青鱼、草鱼、鲢鱼、鳙鱼，咸水鱼如黄花鱼、鲐鱼等亦可腌制。

（三）鱼类糟醉制品

1．糟小黄鱼

糟小黄鱼的制作过程：选用新鲜、品质一致、成淡适宜的卤鲜或加轻盐腌制的小黄鱼，除去鱼头和黑色肚肠、鱼鳞等，入清水浸泡后沥干水，再经日晒，然后用酒糟、高粱酒或黄酒、花椒等调味味品将鱼装坛后封坛腌制，30 ~ 50 天，即可开坛食用。

2．糟鳓鱼

糟鳓鱼又称糟鱼鲞，其制作过程：以鲜鳓鱼为原料，经清水洗净，去除鱼鳃，内脏，再用淡水浸泡取出沥干后，经日晒，然后用高粱酒、酒糟、黄酒、盐、糖、香油、少量五香料装坛后封坛腌制，40 ~ 45 天后即可开坛食用。

3．糟青鱼

糟青鱼的制作过程：选用青鱼开取去内脏，去头尾，经盐腌、日晒后，再用烧酒、砂糖、食盐及花椒等装坛制，夏天经封坛 40 天，冬天经 2 ~ 3 个月后即可开坛食。

（四）鱼类熟制品

1．熏鱼

熏鱼是采用淡水鱼类的青、草、鲤、鲢及海水鱼的蛇鲳鱼等，经过初步加工去鳞、去内脏、洗净，然后开片，切块，再用食盐腌渍，而后油炸，后用葱、香料、白砂糖、黄酒、味精、酱油等调味，最后经适当的熏制而成的制品。

【品质鉴别】熏鱼块要大小均匀，呈酱红褐色，富有光泽。鱼肉组织紧密，软硬适度，香味浓郁，甜美可口，咸淡适中。

【烹调应用】熏鱼可直接食用，亦可作为冷菜的原料使用。

2．鱼松

鱼松是用鱼类肌肉制成的金黄色或褐黄色、放毛状的调味干货制品。

【特　　点】鱼松有味道鲜美、营养丰富、携带方便、保质期长等特点。鱼松选用白色肉鱼制成的质量较好，目前多以带鱼、鲱鱼、黄鱼、鲨鱼等为主要原料，亦可用鲤鱼、鲢鱼等作为原料制作。制作鱼松将原料先去鳞、鳍、内脏、头等，洗去血污杂质沥水，再蒸熟取肉，压榨搓松，调味炒干即可。

【品质鉴别】鱼松以色泽金黄或褐黄、形状不碎呈蓬松的绒毛状、味道鲜美者为上品。

【营　　养】鱼松含蛋白质较高，所含人体必需氨基酸品种齐全，维生素 B 族、烟酸及钙、磷等无机盐的含量也不少，可溶性蛋白多，脂肪熔点低。

【烹调应用】鱼松可直接食用，亦可作为冷菜的原料使用。

3．烤鱼片

烤鱼片是用鱼类原料经调味处理后的炙烤（或烘干）制品。

【特　　点】烤鱼片具有鲜香味美、直接食用、便于储藏、携带方便、营养丰富等特点。

【加工程序】烤鱼片选用马面鲀、小带鱼、大鲨鱼等一些低值鱼类为原料制成。现以马面鲀为原料制成的烤鱼片为例简单介绍其加工程序。先去头、皮、内脏，再剖片、检片、漂洗、调味、摊片（配片）、烘干、揭片、炙烤、滚压拉松即成。

（五）鱼糜制品

鱼糜制品的种类很多，现介绍市场上常见的鱼香肠和鱼丸。

1．鱼香肠

鱼香肠是以鱼肉为主要原料灌制的香肠。

【特　　点】鱼香肠具有外包衣（畜肠衣或塑肠衣）使鱼肉与外界隔绝、便于运输、清洁卫生等特点。鱼香肠选用的原料一般是以新鲜的小杂鱼为主，适当搭配一定数量的其他鱼肉和少量的畜肉，并加适当的调味品，使之具有独特的口味。

【加工程序】鱼香肠的加工程序一般是先将原料打碎，即将原料经空磨、盐磨、搅磨，再加调味品，然后灌肠、加热制熟冷却、展皱、包装。

2．鱼丸

鱼丸又称鱼圆，是圆形鱼糜制品。鱼丸有水发和油炸之分，这里介绍水发鱼丸。

【特　　点】水发鱼丸对原料鱼及淀粉要求较高。原料鱼主要有海经、统鱼、白姑鱼、鲨鱼、马赋及草鱼、经鱼等，主要选用弹性强的白色鱼肉，淀粉应选色泽洁白、黏性好的上等淀粉。

【加工程序】鱼丸制作程序一般是先取鱼肉，然后制糜、调味、成形、熟制、冷却。

【品质鉴别】鱼丸以色泽洁白、表面光滑、富有弹性、圆正、大小均匀、淡适宜、味道鲜美者为佳，夹馅鱼丸要求肉馆鲜美，不破裂。

练习题

一、填空题

1. 粮食制品按加工原料分为__________、__________、__________三大类。
2. 四川的四大腌菜分别是__________、__________、__________、__________。
3. 玉兰片的品种有__________、__________、__________、__________四种。
4. 果制品分别为__________、__________、__________、__________四大类。
5. 中国最著名的三大火腿分别为__________、__________、__________。

二、判断题

1. 米线是以谷类为主料的半成品。（　　）
2. 南豆腐又称老豆腐。（　　）
3. 西米是西方生产的大米。（　　）
4. 泡菜是四川四大酱腌菜。（　　）
5. 火腿味道清淡，在烹饪中适合烧、炖。（　　）

6. 香肠是中国独有的一类畜类制品。(　　)

三、选择题

1. 以下哪种原料制作的粉丝质量最好？(　　)

A. 红薯　　B. 绿豆　　C. 大米　　D. 玉米

2. 以鲜果经过脱水干制而成的原料叫(　　)。

A. 干果　　B. 果脯　　C. 蜜饯　　D. 鲜果

3. 梅干菜的主要产地是(　　)。

A. 四川、重庆　　B. 广东、浙江　　C. 山东、山西　　D. 湖南、湖北

4. 饵块的主要原料是(　　)。

A. 猪肉　　B. 面粉　　C. 绿豆　　D. 大米

四、简答题

1. 怎样选择和鉴别米线？

2. 蔬菜制品按加工方法的分类有哪些？

3. 畜类制品按加工方法的分类有哪些？

4. 火腿的鉴别方法？

第九章

辅助类原料

学习目标

1. 了解辅助类原料的分类。
2. 了解常见油脂、淀粉品种，理解油脂的概念。
3. 掌握油脂、水、淀粉在烹饪中的作用和品质鉴别方法。
4. 了解其他辅助类原料在烹饪中的作用。

导　入

辅助类原料是一类特殊烹饪原料，是除主料、辅料外，在烹饪过程中起到辅助作用，以配合烹饪工艺顺利进行，而实现菜点质地、色泽、香气等变化不可或缺的一类原料统称。辅助类原料主要包括油脂、水、凝胶剂、膨松剂、着色剂等。

第一节　烹饪油脂

一、烹饪油脂的概念

烹饪油脂又称食用油脂，是可供食用的“油”和“脂”的统称，包括各种植物油、动物脂及其再制品。

习惯上将常温下呈现液态的称为油；在常温下呈现固态或半固态的称为脂。实际上两者并没有严格的界限，常统称油脂。

二、烹饪油脂的种类

烹饪油脂按照来源可分为：草本植物油（花生油、葵花籽油）、木本植物油（棕榈油、椰子油）、动物油脂（包括陆地动物油和海洋动物油）。

烹饪油脂按照加工程度可分为：天然植物油脂（大豆油、菜籽油、花生油、芝麻油、橄榄油）、天然动物油脂（猪油、牛油、鸡油、奶油、鱼肝油）、改性油脂（人造黄油、起酥油）。

三、烹饪油脂的化学性质

天然食用油脂是由多种物质组成的混合物，其中最主要的成分是脂肪。脂肪是由一个甘油分子与三个脂肪酸分子结合而成，又称甘油三酯。

植物油脂因含不饱和脂肪酸与必需脂肪酸较多，常温下往往呈现液态，称为“油”，相对营养价值较高；动物油脂因含饱和脂肪酸较多，熔点高，消化率低，常温下往往呈现固态，称为“脂”，营养价值相对较低。

是否饱和，是按照油脂结构中是否含有“双键”进行区分的。

油脂除上述成分外还包括磷脂、甾醇、蜡、黏蛋白、色素和维生素等。

四、烹饪油脂的物理性质

1．色泽

食用油脂的色泽与色素物质有关。动物油脂色素含量少，如猪油呈现乳白色；植物油脂色素含量多，如菜籽油呈深黄褐色。工业生产中常对植物油脂进行精制脱色处理使其颜色变淡。

2．气味

食用油脂的气味主要与脂肪酸和挥发性成分有关。不同油脂含有不同的脂肪酸及特殊的风味物质，使其带有不同的风味。利用不同食用油脂的气味可以增加食品的风味。

3．熔点与凝固点

食用油脂是由多种甘油酯和其他成分构成的混合物，所以没有确切的熔点和凝固点。原为液体的可变为固体，固体也可以变为液体。油脂由固体变为液体时的温度称为熔点，有液体变为固体的温度称为凝固点。熔点与消化率呈现反向关联，通常植物油脂消化率高于动物油脂。

4．烟点

食用油脂加热到一定温度表面冒出青烟时的温度称为烟点。一般，植物油脂的烟点高于动物油脂，不饱和油脂高于饱和油脂，纯净油脂高于含有杂质油脂。

在烹饪运用中，可将同类油脂烟点的变化情况，作为判断油脂杂质含量和油脂老化程度的参照。

五、油脂在烹饪中的作用

（1）作为传热介质。

烹饪油脂是烹饪中的重要传热介质。由于食用油脂有传热速度快、沸点高、温差幅度大的特点，在炒、煎、炸等烹调方法中作为滑油、过油等预熟处理介质向原料供给热量，使原料达到半熟或成熟，符合菜点烹饪需要。

（2）增加和保护菜点色泽。

大部分油脂本身具有色泽，在加热过程中因温度升高进而影响原料，使之颜色改变；烹饪油脂本身具有光亮特点，可增加菜肴光泽，这也是起锅给予包尾油的主要目的；烹饪油脂在低温阶段具有保护绿色蔬菜颜色作用，可使绿色光亮自然。

（3）改变原料质感。

高温油脂可使原料表面水分迅速散失，部分渗入原料，形成外酥内嫩口感；中低温油脂可使热传递均匀充分，使原料形成酥、松口感。低温油脂可使原料质地滑嫩，在冷饮甜点中赋予产品细腻柔滑的口感。

（4）增加菜点香气。

部分烹饪油脂具有良好的香气，在烹饪中能直接作为调料使用，如冷菜中所食用的芝麻油；油脂对香气具有良好的溶解性，调料与油共热中香气溶于油中，可制成如红油、葱油等复制调味品；高温油脂促使油炸原料表面失水而产生香气。

（5）利于菜点造型。

原料油炸使其外表面物质凝固便于定型造型。面点中的油酥制品就是利用了油脂的阻断性，使其制品层层分离。

（6）保持菜肴温度。

油脂密度小于水，在带有汤汁或汤类菜肴中漂浮于汤汁表面，隔离空气减缓热量散失从而起到保温作用。譬如云南过桥米线，汤汁表面浮有厚油再配合砂锅，汤汁可长时间保持高温。

（7）帮助干货原料涨发。

干货原料中富含胶原蛋白、紧密结缔组织的原料，可用低温浸油蒸发水分，高温炸放，使其由紧密结构转变为海绵结构，达到涨发目的。

（8）作为面点配料。

油脂是调制油酥类面团不可或缺的原料。利用油脂起酥性限制面团中面筋形成的特点，使制品呈现起酥、层层分离、香酥可口的效果；利用油脂的充气性，在机械力作用下通过搅打，可使制品呈现体积膨大、口感松软的效果。

六、烹饪油脂的主要品种

（一）主要烹饪植物油

1. 大豆油

【加工与品种】大豆油又称豆油，是从大豆种子中采用压榨法得到毛油，再通过精炼而得到的食用油脂。大豆油根据加工方法不同分冷压豆油和热压豆油。冷压豆油颜色较浅，生豆味淡，出油率低；热压豆油颜色较深，生豆味浓，出油率高。

【营养与应用】豆油含有大量人体必需脂肪酸和卵磷脂，且维生素 E 含量高于其他油脂，易被人体吸收，不易氧化酸败，是食用品质最好的食用油之一。豆油中的豆腥味可以通过高温炼制脱去，因其色淡味轻，故烹饪应用广泛。

【品质鉴别】以色淡黄、生豆味淡、油液清亮、不浑浊、无异味者为佳。

2. 菜籽油

【加工与品种】菜籽油又称菜油，是从菜籽中采用压榨法得到的油脂。呈现深褐色的为粗制油；呈现金黄色的为精制油。

【营养与应用】菜籽油含有生菜籽的特殊气味，略带涩味，含有芥酸，对人体有害，需要高温炼制脱去。菜籽油在长江流域和西南地区运用广泛，但其营养价值一般，消化率较高。因菜籽油颜色较深，故在制作浅色类菜肴时不适用，而在制作煎、炸类需要上色菜肴时尤其适用。

【品质鉴别】以色泽黄亮、气味芳香、油液清澈、不浑浊、无异味为佳。

3. 花生油

【加工与品种】花生油又称落花生油，是从花生种仁中采用压榨法得到的油脂。花生油根据加工方法不同分冷压花生油和热压花生油。冷压花生油色浅香气良好；热压花生油色橙黄有炒花生香气。

【营养与应用】花生油营养价值较高，容易被人体消化吸收，是较好的食用油脂。花生油在华北、华东地区运用广泛，应用方法与菜籽油基本相似。

【品质鉴别】以透明色亮、色泽浅黄、气味芳香、无水分、无杂质、不浑浊、无异味者为佳。花生油在夏季常呈现为液体，在冬季常呈现为半流体。

4. 葵花籽油

【加　　工】葵花籽油又称瓜子油，是从向日葵种子中采用压榨法得到的油脂。

【营养与应用】葵花籽油是一种高级食用油，亚油酸含量高，维生素 E 含量高，熔点低，营养物质丰富，易被人体消化吸收，抗衰老防止血管硬化，被称作“健康油脂”。应用方法与豆油基本相似。

【品质鉴别】以色淡、清澈、明亮、味芳香、无杂质、无异味者为佳。

5．玉米油

【加　　工】玉米油又称粟米油，是从玉米胚芽中采用压榨法得到的油脂。

【营养与应用】玉米油不饱和脂肪酸含量高，不含胆固醇，维生素 E 含量高，抗衰老、抗血栓、防止血管硬化。因玉米油烟点高，烹饪应用时不宜加热至生烟。应用方法与豆油基本相似。

【品质鉴别】以色淡、清澈、明亮、无杂质、无异味者为佳。

6．橄榄油

【加　　工】橄榄油是从橄榄果中直接冷榨得到的油脂。

【营养与应用】橄榄油富含不饱和脂肪酸，可以帮助消化、降低胆固醇含量，被西方人称为“液体黄金”。初榨橄榄油不宜高温烹饪，适宜凉拌食用和低温烹饪；精炼橄榄油适宜高温煎炸。

【品质鉴别】以浅黄色、黏度小、澄清、透明为佳。

7．芝麻油

【加工与品种】芝麻油又称麻油、香油，是从芝麻种仁中采用压榨法得到的油脂。按加工方法分为冷压香油、大槽香油、小磨香油。冷压香油无香味，色金黄；大槽香油香气不浓，不宜生吃；小磨香油香气浓郁，呈褐色。

【营养与应用】芝麻油富含维生素 E、芝麻酚、不饱和脂肪酸，抗氧化、抗衰老、预防心血管疾病，有润肠通便、延年益寿的作用。芝麻油常作为烹饪的调香油脂，运用时，应注意把握“少则香，多则伤”的投放原则。

【品质鉴别】以色质光亮、香气浓郁、无杂质、无水分、不涩口、不浑浊者为佳。

（二）主要烹饪动物油

1．猪油

【加　　工】猪油又称白油，是从猪的贮备脂肪组织如板油、肥膘、肠油中提炼的脂肪。不同组织部位提炼的油脂品质略有差异，以板油熬制的猪油质量最佳。

【应　　用】猪油较植物油脂，带有动物脂肪特有的香气。在面点中是制作油酥面团的主要材料；可以增加和丰富面点馅心风味；可以增加中餐汤羹类菜肴风味。

【鉴　　别】优良的猪油液态时透明，凝固后的优良猪油呈白色软膏状，有特殊香气。猪油不宜长时间存放，其较易氧化酸败产生“哈刺”味，此时不宜食用。

2．牛油

【加　　工】牛油是从牛的贮备脂肪中炼制的油脂。牛油熔点高于人体，不易被人体消化吸收。

【应　　用】牛油是伊斯兰教信徒的主要动物食用油；可制油茶炒面；可制火锅浮油；可制人造黄油和起酥油。牛油在高温下易脱去其本身风味。

【鉴　　别】优质牛油凝固后为淡黄色或黄色。呈淡绿色或浅灰色的质量较次。

3．黄油

【加工与品种】按照加工方式分为天然黄油和人造黄油两类。天然黄油是从奶油中提炼得到的油脂，营养价值高，具有较好风味，但价格较为高昂；人造黄油是将植物油氢化后加入添加剂得到的油脂，含有反式脂肪酸，风味相对较淡，但价格相对低廉。

【应　　用】黄油是西餐烹饪和西点制作中的常用油脂。从经济角度来看，人造黄油的运用天然黄油普遍。

【鉴　　别】常温下天然黄油较人造黄油软；天然黄油具有特殊脂香，人造黄油香气是食品添加剂产生的一种似奶香气。

七、烹饪油脂的储存

烹饪油脂易受水份、空气、光照、温度、细菌、杂质、金属等因素作用而发生氧化和分解，出现苦味、哈刺味和辛辣味。因此油脂的储存一定要注意避免受气温、日光直射，保持清洁卫生，减少空气长期接触，避免使用易被氧化的金属容器和塑料制品盛装。

使用过的油脂不能久放或多次反复使用。食用动物油脂一般在-2～0 摄氏度储存，食用植物油脂一般在 4～10 摄氏度内储存较好。

第二节　烹饪用水

水是人类赖以生存的基本生命物质之一，是人体不可缺少的物质。人类通过各种形式和渠道获得补充水分，以维持生存。水也是烹饪中不可或缺的基本物质之一。

一、水的性质

1．水的比热容

水的比热容为 4.184 焦/（克·摄氏度）。烹饪中，水广泛用作传热介质，如煮、烫、氽、炖等加热方式；水也可以作为快速降温材料食用。

2．水的溶解性

水的极性大，介电常数高，是很多物质的优良溶剂。水可促进电解质的电离，如食盐、味精都易溶于水。

3．水的温度

水常见三种状态，其温度变化幅度较大。在标准大气压下，水于 100 摄氏度沸腾，0 摄氏度结冰，烹饪蒸汽温度常见为 105 摄氏度。若大气压强减小，则水沸点降低；大气压强升高，则水沸点升高。

二、水在烹调中的作用

1. 烹饪传热介质

水具有良好比热容的特点，有气态、液态、固态三种形式，温度变化幅度显著。许多原料预熟处理、技法运用都需要水作为传热介质。

2. 烹饪中最主要的溶剂

水在烹饪中可以溶解多种成分。在洗涤、去异味、除腥味、吊汤、调味等环节中起到主要作用。

味表现的前置条件是有水的存在，许多呈味物质必须溶解于水才能表现出滋味；异味和不良成分因溶于水而被去除；汤体因多种风味物质溶解于水才能产生出万千滋味。

3. 烹饪中的分散稀释剂

蛋白质、淀粉、脂肪虽然不溶于水，但可以与水形成均匀分散的胶体物质和乳浊液。如面团调制、少司制作、菜肴勾芡、皮冻制作都是对这一特性的运用。

4. 构成菜肴成分

水是构成菜肴的主要成分之一。部分菜肴制作，需要加入足量的水才能满足需要，譬如烧菜、炖菜、汤羹，水都是必不可少的成分。

5. 影响菜肴质感

水分含量的高低，往往与菜肴口感呈现出正相关联。水分含量越高，越脆越嫩；水分含量越低，越硬越老。有的菜肴原料质感，可以通过补充或减少水分而得以改善。

第三节　烹饪凝胶剂

凝胶剂是增加食品稠度，赋予食品以黏滑口感或者起到固型作用的添加剂。

一、植物凝胶剂

（一）淀粉

1. 淀粉的概念

淀粉又称芡粉。广泛存在于食物根茎、种子中，一般为粉末状的干制品。常见淀粉多从豌豆、绿豆、番薯、马铃薯、木薯、玉米、小麦、菱角等植物中提取。

2. 淀粉在烹饪中的作用

淀粉为我国传统的增稠剂，在烹饪中得到广泛运用。

淀粉可以吸水、提高原料持水能力、保护原料水分、改善原料质感、减缓菜肴温度散失等作用。

淀粉在烹饪工艺中常用于上浆、挂糊、勾芡、拍粉，属于保护优化工艺范畴；淀粉也可作为丸、泥、茸等菜肴的黏结剂以实现固型效果。

3．淀粉的性质

淀粉从外观上来看，通常呈现白色、粉末态、无味无臭；从成分上看，一般由直链淀粉和支链淀粉混合构成。

直链淀粉不溶冷水，加热后在热水中形成黏滞胶状溶液，但在静置和温度降低后会与水，分离析出沉淀；支链淀粉溶解于热水形成高黏度溶液，静置冷却后稳定。烹饪运用中选择淀粉品种实际上是选择直链淀粉和支链淀粉比例含量高低。

4．淀粉的品质鉴别

质量好的淀粉色泽洁白、带有光泽、吸水性强、胀性大、黏度高、无沉淀、不易吐水，能长时间保持菜肴色泽、形态、口感。淀粉应通风干燥保存，防潮防霉，避免日照，防止异味。

5．常见淀粉品种

（1）绿豆淀粉。

绿豆淀粉是用水浸涨绿豆后碾磨，沉淀固型物再行干燥而得到的。特点是：黏性大、黏性强、涨性大、细腻光滑、富有光泽、糊化后透明度高，是最佳淀粉品种之一。川菜烹调较少用于上浆、挂糊、勾芡、拍粉，多用于制作凉粉、粉丝、粉皮等。

（2）豌豆淀粉。

豌豆淀粉又称“豆粉”，是用豌豆种子加工而成的淀粉。特点是：色洁白、杂质少、无味、黏性强、涨性大、细腻光滑、糊化后透明度高，是最佳淀粉品种之一。川菜烹调多用于上浆、勾芡、制作凉粉。

（3）红薯淀粉。

红薯淀粉又称红苕淀粉、甘薯淀粉、地瓜淀粉，可以分别由鲜红薯或红薯干加工制得，以鲜红薯加工制得淀粉品质较高且易常见。特点是：色泽灰暗、无光泽、粉质粗、杂质较多、黏度很高、涨性一般、吸水性较强。川菜烹调多用于挂糊和粉条、粉皮制作等。

（4）马铃薯淀粉。

马铃薯淀粉又称土豆淀粉，台湾地区称作太白粉，是用马铃薯块茎加工而成的淀粉。特点是：色泽特白、有光泽、粉质细、黏度高、涨性一般、吸水性较差。勾芡热时浓稠、透光度好，但冷后浓度下降，淀粉与水分离，析出水分。川菜烹调中较少使用。

（5）玉米淀粉。

玉米淀粉又称粟粉，也称生粉，是用玉米种子精制加工而成的淀粉。特点是：色泽洁白、有光泽、粉质细、黏度高、涨性大、吸水性强。勾芡热时浓稠、透光度好，冷后淀粉与水不易分离。川菜烹调中较多使用于上浆、挂糊、勾芡、拍粉。

（6）小麦淀粉。

小麦淀粉又称澄粉、汀粉，是用小麦面粉洗去面筋后，沉淀固型物再行干燥而得到的一种无筋粉。特点是：色泽洁白、黏度低、凝胶力强、透明度低。此品多用于面点制作各类成品需要表现出高透光性制品。

（7）木薯淀粉。

木薯淀粉又称生粉、泰国生粉、树薯粉，是用木薯块茎加工而成的淀粉。特点是：色泽洁白、有光泽、无杂质、粉质细、黏度高、涨性极大、吸水性极强。木薯粉糊化后透光度高、黏性极强、冷却、冷冻、解冻后稳定性高。广东、福建地区运用较多；在西式点心制作中运用较多。

（二）琼脂

琼脂又称洋菜、琼胶、冻粉，是从石花菜及其江篱、麒麟菜中提取加工干制而成。琼脂无臭、无味，吸水性强、持水性强；不溶于冷水，但可以吸水膨胀；加热煮沸时呈现为有一定浓度的溶胶，冷却后即可变为维持一定形状的凝胶。

商品琼脂有粉状、条状、片状等。琼脂以质地柔软、洁白半透明、纯净干燥、无杂质为佳。

琼脂主要用于制作甜点、冷饮、冷菜、灌汤包馅、胶冻类菜肴、花式工艺菜。

二、动物凝胶剂

1．皮冻

皮冻是以新鲜猪皮刮去肥油去除杂质，加入水或鲜汤组织、凝结而成的胶冻。

皮冻一般用于汤包馅心增稠、冷菜皮冻制作。

鱼胶冻与皮冻相似，是以鱼鳞等蒸制或熬制的动物性增稠剂。

2．食用明胶

食用明胶是从动物的皮、骨、软骨、韧带、肌腱，经加酸或碱长时间在热水中熬制浓缩、干燥制得。食用明胶为白色或微黄色半透明的微带光泽的薄片或粉粒，无挥发性，无特殊气味，有弱脂味，不溶于冷水，但能吸水膨胀软化；易溶热水，冷却后凝结成柔软而有弹性的凝胶。

明胶在水溶液中可缓慢水解，降低黏度和凝胶能力，故应避免长时间在水溶液中加热；明胶与酸或碱同热则凝胶性丧失；明胶应避免与菠萝、木瓜等富含蛋白酶的植物原料配合使用，以保护其黏性。

明胶广泛应用于罐头、糖果、冷饮、果冻、糕点等食品加工，在烹饪中可制作“水晶汤包”“水晶鸭方”“水晶虾仁”“水晶肴肉”“水晶耳叶”等高透光性菜肴。

明胶宜贮存于干燥通风处，防止受潮分解变质。

第四节　其他辅助类原料

一、膨松剂

1．生物膨松剂

酵母是一种单细胞真菌，能将糖类发酵成酒精和二氧化碳，在有氧和无氧条件下都能够存活，是一种天然发酵剂。

烹饪中主要使用的人工酵母有面包酵母、鲜酵母、活性干酵母。

酵母在烹饪中的主要作用有，制作发面、提高营养、保护肝脏、使制品疏松、改善风味。

2．化学膨松剂

（1）小苏打。

小苏打又称作碳酸氢钠，是强碱与弱酸中和后生成的酸式盐，溶于水时呈现弱碱性。此特性可使其作为食品制作过程中的膨松剂。

（2）臭粉。

臭粉主要成分为碳酸氢铵，加热时才产生气体，产物是氨气。因氨气在水中溶解度高，故制品会有氨臭味。臭粉主要用于西式面点中的点心制作，面包与蛋糕制品通常不会使用。

（3）双效无铝泡打粉。

双效无铝泡打粉是由碱性材料配合不含明矾的酸性材料，并以淀粉为填充剂的白色粉末。双效无铝泡打粉在食品生产过程中起到双重膨松发酵的作用。

二、着色剂（食用色素）

1．天然食用色素

（1）焦糖。

焦糖又称糖色，是用白糖、冰糖或饴糖及其他糖类，在 160 摄氏度下发生焦糖化反应的产物，是中餐烹饪中最常使用的着色剂之一。

（2）红曲米。

红曲米又称红曲，是将红曲霉等菌种接种于熟米饭后培育制得的。红曲米对蛋白质类食品着色效果强。

2．合成食用色素

合成食用色素按溶解性可分为油溶性和水溶性两类；按状态可分为粉末与液体两类。合成色素的优点包括：色泽鲜艳、色调多、性能稳定、易调色、使用方便、成本低廉。国家允许使用的常见合成食用色素：苋菜红、胭脂红、柠檬黄、日落黄、亮蓝、靛蓝。

三、防腐剂

山梨酸（钾）能有效地抑制霉菌，酵母菌和好氧性细菌的活性，还能防止肉毒杆菌、葡萄球菌、沙门氏菌等有害微生物的生长和繁殖，可以有效地延长食品的保存时间，并保持原有食品的风味。

四、增味剂

气味核苷酸二钠主要由 5′-鸟苷酸二钠和 5′-肌苷酸钠组成，无臭、味鲜，与谷氨酸钠合用有显著的协同作用，鲜度大增。

五、酸度调节剂

塔塔粉是一种酸性的白色粉末，主要用途是帮助蛋白打发以及中和蛋白的碱性。其在西点的蛋糕制作中较为常用。

六、嫩肉剂

安多夫是一种嫩肉粉，其主要是利用碳酸氢钠破坏肉质纤维结构、促进肉类吸收水分，从而使肉质松软，达到鲜嫩爽滑的目的。

七、增香剂

乙基麦芽酚是香味改良剂、增香剂，是公认的一种安全、可靠、用量少、效果显著的食品添加剂。

乙基麦芽酚按照香型可以分为纯香型、淡焦香型和增强焦香型三类。

练习题

一、填空题

1. 草本植物油包括________、________；木本植物油包括________、________。

2. 动物油脂因含________较多，熔点______，消化率______，常温下往往呈现______态，称为______，营养价值相对________。

3. 淀粉在烹饪工艺中常用于上浆、挂糊、勾芡、拍粉，属于________范畴；淀粉也可作为丸、泥、茸等菜肴的________以实现固型效果。

4. 合成食用色素按溶解性可分为______________和______________两类；按状态可分为__________与________两类；

二、选择题

1. 被西方人称为“液体黄金”的是以下哪种食用油？（　　）

A. 菜籽油　　B. 玉米油　　C. 橄榄油　　D. 芝麻油

2. 以下选项中水是作为传热介质作用的是（　　）。

A. 清洗　　B. 炖汤　　C. 调糊　　D. 和面

3. 在台湾地区被称作太白粉的淀粉品种是（　　）。

A. 马铃薯淀粉　　B. 木薯淀粉　　C. 小麦淀粉　　D. 地瓜淀粉

4. 以下食品添加剂中可以有效调节蛋清 pH 的是（　　）。

A. 山梨酸钾　　B. 塔塔粉　　C. 安多夫　　D. 焦糖

三、判断题

1. 呈现金黄色的菜籽油是精制油。（　　）

2. 人造黄油因其价格低廉香味浓郁所以品质高于天然黄油。（　　）

3. 味道表现的前置条件是有水的存在。(　　)

4. 呈味核苷酸二钠直接投放与菜肴中，可以有效提高菜肴鲜味。(　　)

四、简答题

1. 油脂在烹饪中的作用是什么?

2. 水在烹调中的作用是什么?

3. 淀粉在烹饪中的作用是什么?

4. 酵母在烹饪中的作用是什么?

附　录

附录 1　第一章练习题参考答案

一、填空题

1. 糖类、脂肪、蛋白质、维生素、无机盐。

2. 种子谷粒。

3. 籼米、粳米、糯米。

4. 粒形、腹白和新鲜度。

二、选择题

1. C；2. A；3. D；4. A。

三、判断题

1. √；2. √；3. ×；4. ×。

四、简答题

1. 粮食类原料的营养成分有：糖类、脂肪、蛋白质、维生素、无机盐、水；粮食类原料的组织结构有：由谷皮、糊粉层、胚乳和胚四个部分组成。

2. 粮食的储藏应该注意的问题有：① 调节温度；② 控制温度；③ 避免感染；④ 防止虫、鼠害。

3. 大米的品质鉴别依据的方面有：大米的质量，主要取决于它在煮后的黏度、硬度、口味和出饭率。这一切又主要取决于米的品种，就同一品种而言，其品质由米的粒形、新鲜度和腹白所决定。① 大米通常以粒形均匀整齐，碎米或爆腰米的含量少，没有未熟粒、虫食粒、病斑粒及糙米者为优质米；反之，则米的质量较差。② 大米根据脱壳加工后时间长短，可分为新米和陈米两种。新米滋味适口，有光泽，无虫害及杂质；陈米颜色暗，容易染有虫害，杂物的含量较多。故陈米质量较新米要差。③ 大米的腹白是指米粒中部呈乳白色不透明的部分。带腹白多的大米，其吸水率低，出饭率小，且硬度低，易生碎米，缺乏蛋白质，故其米质较差。

大米以粒形整齐、新鲜度高、腹白少的品质较优；反之，则质量较差。

4. 大米、小米、玉米、黑米、大豆、绿豆、红豆、豌豆、蚕豆、高粱、大麦、荞麦、燕麦、莜麦、甘薯、面粉。

附录 2　第二章练习题参考答案

一、填空题

1. 面点馅心的植物；本草植物。

2. 植物学分类法；农药生物学分类法；食用部位分类法。

3. 香椿芽；豌豆苗；萝卜苗；绿豆芽。

二、判断题

1. ×；2. ×；3. ×。

三、解答题

1. ① 蔬菜概念：蔬菜是指用来制作菜肴和面点馅心的草本植物，也包括少数木本植物和部分菌藻类。

② 营养成分：水分、矿物质、维生素、碳水化合物、有机酸、挥发油、色素、苷类、油脂和蜡质、酶。

2. 叶菜类、茎菜类、根菜类、果菜类、花菜类、芽苗类。

3. 腌菜类、泡菜类、酱菜类、干菜类。

4. ① 品质检验：烹饪原料的品质鉴别方法主要有理化鉴定、感官鉴定。但对鲜嫩的蔬菜的品质鉴定主要是依靠感官鉴定的方法。

② 储藏：蔬菜采收后，仍然是有生命的有机体。在蔬菜储藏过程中，一方面由于一系列的生理生化变化而引起生理、风味、质地和营养价值的改变和降低；另一方面由于微生物的侵袭而发生变质腐烂。因此，客观要求蔬菜的储藏方法必须具备两方的作用：一是降低蔬菜自身的生理活动能力；二是减少微生物的侵袭。通常使制温度、湿度和气流量的方法，来达到储藏蔬菜的目的。

附录 3　第三章练习题参考答案

一、填空题

1. 仁果类、核果类、浆果类、坚果类、柑橘类、复果类、瓜果类。

2. 江西、四川、浙江。

3. 果形、色泽于花纹、成熟度、机械损伤、病虫害。

二、选择题

1. B；2. A。

三、判断题

1. √；2. ×。

四、简答题

1. 果品类的主要营养成分有：水分、糖类、有机酸、淀粉、纤维素、色素等营养成分。

2. 果品类原料的储藏方法有：低温储藏法、窖藏法、库储藏法等储藏方法。

附录 4　第四章练习题参考答案

一、填空题

1. 肌肉组织、结缔组织、骨骼组织、脂肪组织、内脏。

2. 80。

3. 瘦肉型、脂肪型、肉脂兼用。

4. 肉用、蛋用、肉蛋兼用、药食同用。

二、选择题

1. B；2. D；3. C；4. D。

三、简答题

1. 味甘、性热，入脾、胃、肾、心经，具有温补脾胃，用于治疗脾胃虚寒所导致反胃、身体虚弱、畏寒等症；温补肝肾，用于治疗肾阳虚所导致的腰膝酸软冷痛、阳痿症；补血温经，用于产后血虚经寒所导致的腹冷痛。

2. 蛋白质 脂类、糖分（碳水化合物）、矿物质、维生素。

附录5　第五章练习题参考答案

一、填空题

1. 蛋壳、蛋清、蛋黄。

2. 有机酸、无机酸。

3. 蛋黄膜、胚胎、蛋黄。

二、选择题

1. B；2. A；3. C。

三、简答题

1.（1）作为主料，鸡蛋适用于炒、煮、煎、炸、蒸、卤等烹调方法，可以制作“炒鸡蛋”“荷包蛋”“蛋饼”“炸蛋松”“臊子蒸蛋”等菜肴和食物，代表菜肴有粤菜的“凉瓜煎蛋”、川菜的“泸州烘蛋”。

（2）作为配料，鸡蛋可以和很多原材料搭配制作各种菜肴。代表菜肴有“蛋美鸡”“木须肉丝”。

（3）作为辅料，鸡蛋是制作上浆挂糊的重要辅料，可以用蛋清制作“蛋泡糊”、可以用全蛋制作“全蛋淀粉糊”，且可制作“雪山”“芙蓉”等菜式，也是面点制作中的蛋泡膨松面团的主要膨松原料。在制作月饼、蛋黄酥等产品也常用蛋黄来上色。

（4）作为菜肴装饰材料，鸡蛋制作出来的“蛋皮”“蛋丝”“蛋清发泡糊”等常用来装饰美化菜肴。

2. 感官鉴定只要是指通过人的感觉器官看、听、触、嗅等方式对蛋的品质进行鉴定的一种方式。鲜蛋的蛋壳干净，无裂纹，无霉味，光泽鲜亮。蛋壳表层有一层胶质薄膜并附着有白色或粉红色霜状石灰质粉粒，用手触摸有粗糙感。将几个蛋在手中轻磕时清脆的咔咔声，用手摇晃无响水声，掂在手中有沉甸甸的感觉，打开后蛋黄形态完好，无散黄现象，蛋清浓厚不稀薄。

附录6　第六章练习题参考答案

一、填空题

1. 鱼鳃、鱼眼、鱼鳞、体表、鱼肉。

2. 饱满突出、透明清亮、弹性、黑白、充血发红。

3. 组氨酸。

4. 海水。

二、选择题

1. B；2. A；3. D。

三、判断题

1. ×；2. √；3. ×；4. √。

四、简答题

1. 新鲜鱼的鱼鳃色泽鲜红或粉红（海鱼鱼鳃色紫或紫红），鳃盖紧闭，黏液较少呈透明状，无异味，鱼嘴紧闭，色泽正常；鱼眼清澈而透明，向外稍稍凸出，黑白分明，没有充血发红的现象；鱼皮表面黏液较少，且透亮清洁；鳞片完整并有光泽，紧贴鱼体；腹部肌肉坚实无破裂，腹部不膨胀，腹色正常；鱼肉组织紧密有弹性，肋骨与脊髓处的鱼肉结实，不脱刺。

2. ① 看鱼形：凡是受到污染较严重的鱼，其体形一般有变化，如外形不整齐，脊背弯曲，与同类鱼比较其头大尾小，鱼鳞部分脱落，皮发黄，尾部发青，肌肉有紫色的瘀斑。② 辨鱼鳃：鳃是鱼的呼吸器官，主要部分是鱼鳃，上面密布细微的血管，正常鱼应时鲜红色。被污染的鱼，其水中毒物可聚集鳃中，使鱼鳃大多变成暗红色，不光滑，比较粗糙。③ 观鱼眼：有些受污染的鱼其体形和鱼鳃都比较正常，但眼睛出现异常，如鱼眼混浊，失去正常的光泽，甚至向外鼓出。④ 尝鱼味：污染严重的鱼，食用时一般都有一种怪味，特别是煤油味。这种怪味是由于生活在污染水域中的鱼，鱼鳃及体表沾有较多的污染物，煮熟后吃到嘴里便有一股煤油味或其他不正常的味，无论如何清洗及用其他方法处理，这种不正常的味道始终不会去掉，所以不能食用。

3. 氧化三甲胺是一种呈鲜物质，它主要存在于鱼类中。氧化三甲胺极不稳定，容易还原成具有腥味的三甲胺。鱼体死后其体内的氧化三甲胺就会不断地还原为三甲胺，从而使鱼产生腥味。随着鱼的新鲜程度的不断降低，鱼体内三甲胺的成分就随着增加，鱼的腥味也就更突出。

如要除去腥味，可根据三甲胺易溶于酒精，并能与醋酸中和的特性，在制作鱼类菜肴时放入适量的黄酒、食醋等调料，这样一部分三甲胺随酒精受热挥发掉，另一部分则与醋酸中和生成盐类，使鱼腥味减轻。

4. 大黄鱼与小黄鱼的区别是：大黄鱼头部较大，小黄鱼较长；大黄鱼眼睛较大，小黄鱼较小；大黄鱼嘴部略圆，小黄鱼略尖；大黄鱼鳞片较小，小黄鱼鳞片较大；大黄鱼尾柄较长，小黄鱼则尾柄较短。

附录 7　第七章练习题参考答案

一、填空题

1. 蛋白质、维生素、矿物质；

2. 中国林蛙、雌蛤士蟆的输卵管；

3. 鲨鱼、鳐鱼、鳍、鳍中的软骨；

4. 燕菜、金丝燕巢、白燕、毛燕、血燕。

二、选择题

1. D；2. D；3. C；4. A。

三、判断题

1. ×；2. √；3. ×；4. ×。

四、

1.（1）大多本味不显，烹制时应以高汤入味，或与鲜美原料合烹。

（2）由于多为干制品，应用前需先涨发。

（3）常采用炖、蒸、烧、烩、煨等方法成菜。

2.（1）以片大纹直、肉体厚实、色泽明亮、体形完整的为上品。

（2）体小肉薄、色泽灰暗、体形不完整的为次品。

（3）色泽发黑的，说明已经变质不能食。

3.（1）储存环境应通风、透气、干燥、凉爽，还要避免阳光长时间的照晒。

（2）对于质地较脆的干货制品，应减少翻动，轻拿轻放，不能压重物。

（3）要有良好的包装和防腐、防虫设施。干货制品原料常用的包装物，要用木桶、木箱、纸箱（盒）等，为进一步防潮，在包装箱或盒内防潮纸或塑料纸。既防潮又密封，其效果较好。

（4）勤于检查。一旦发现有变质的干货制品，应及时清除，防止相互传染，造成不必要的损失。

附录 8　第八章练习题参考答案

一、填空题

1. 豆类、谷类、薯类；

2. 冬菜、芽菜、大头菜、榨菜；

3. 尖片、冬片、桃片、春片；

4. 果干、果脯、蜜饯、果酱；

5. 南腿（金华火腿）、北腿（如皋火腿）、云腿（宣威火腿）。

二、判断题

1. √；2. ×；3. ×；4. ×；5. ×；6. ×。

三、选择题

1. B；2. A；3. B；4. D。

四、简答题

1. 米线的质量以质地洁白、柔韧滑爽、煮后不粘条、不糊汤、断条少、无斑点、无异味者为佳。

2. 酱腌菜、干菜、速冻菜、蔬菜蜜饯、蔬菜罐头以及菜汁（酱、泥）等六大类。

3. 即腌腊制品、干制品、灌肠制品、酱卤制品、熏烤制品、油炸制品、乳制品。

4. 通常采用看、扦、斩三步法。一看：皮肉干燥，手指推捺感觉内外坚实。形状完整均匀，皮色棕黄或棕红色，略显光亮。无杂质、虫鼠蛀咬，不褪色。二扦：商品检验多用打签法。竹签刺入肉中，拔出即嗅，有浓郁火腿香气为佳。三斩：火腿斩开后，断面肥肉薄而白，瘦肉厚而红艳，则质量优良。若发现皮边发白，表面发黏，肉质枯涩，阴雨天滴卤，脚爪发白，或内部肉质松弛不实，易于刺穿，香气弱而有异味，属次品。

附录9 第九章练习题参考答案

一、填空题

1. 花生油、葵花籽油、棕榈油、椰子油。

2. 饱和脂肪酸、高、低、固、脂、较低。

3. 保护优化工艺、黏结剂。

4. 油溶性、水溶性、粉末、液体。

二、选择题

1. C；2. B；3. A；4. B。

三、判断题

1. √；2. ×；3. √；4. ×。

四、简答题

1. ① 作为传热介质；② 增加和保护菜点色泽；③改变原料质感；④ 增加菜点香气；⑤ 利于菜点造型；⑥ 保持菜肴温度；⑦ 帮助干货原料涨发；⑧ 作为面点配料。

2. ① 烹饪传热介质；② 烹饪中最主要的溶剂；③ 烹饪中的分散稀释剂；④ 构成菜肴成分；⑤ 影响菜肴质感。

3. ① 淀粉可以吸水、提高原料持水能力；② 保护原料水分；③ 改善原料质感；④ 减缓菜肴温度散失等作用。

4. ① 制作发面提高营养；② 保护肝脏；③ 使制品疏松；④ 改善风味。

参考文献

[1] 孙一慰．烹饪原料知识[M]．北京：高等教育出版社，2010.

[2] 郑向敏．中西烹饪原料[M]．上海：上海交通大学出版社，2014.

[3] 赵廉．烹饪原料学[M]．北京：中国纺织出版社，2008.

[4] 郑向敏．烹饪原料知识[M]．北京：旅游教育出版社，2016.

[5] 马清余．中式烹调师川菜[M]．成都：四川科学技术出版社，2008.

[6] 阎红．烹饪原料学[M]．北京：高等教育出版社，2005.

[7] 王向阳．烹饪原料学[M]．3 版．北京：高等教育出版社，2015.

[8] 王兰．烹饪原料学[M]．南京：东南大学出版社，2007.

[9] 阎红．烹饪原料学[M]．成都：四川人民出版社，2003.

[10] 崔桂友．烹饪原料学[M]．北京：中国商业出版社，1997.

[11] 俞一夫．烹饪化学[M]．北京：中国轻工业出版社，2017.

[12] 中华人民共和国国家卫生和计划生育委员会．GB 2760—2014 食品添加剂使用标准[S]．北京：中国标准出版社，2014.